AF326074

NOMENCLATURE

RAISONNÉE

DES ESPÈCES, VARIÉTÉS ET SOUS-VARIÉTÉS

DU GENRE ROSIER,

Observées au Jardin royal des Plantes, dans ceux de Trianon, de Malmaison, et dans les Pépinières des environs de Paris ;

Par M. Aug. DE PRONVILLE,

Membre de la Société d'Agriculture de Seine et Oise, et correspondant de celle du Nord.

A PARIS,

De l'Imprimerie et dans la Librairie de Madame Huzard
(née Vallat la Chapelle),
Rue de l'Éperon Saint-André-des-Arts, n°. 7.

1818.

AVERTISSEMENT.

Quand il est question du rosier, il semble que l'on n'ait plus rien à dire sur cet arbuste si répandu dans nos jardins, et si digne à tous égards de sa célébrité. En effet, il a offert aux naturalistes le sujet de dissertations qui joignent au mérite d'une discussion scientifique celui de détails intéressans pour les gens du monde. La littérature, et sur-tout la poésie, se sont empressées dans tous les temps de chanter ce végétal, le plus bel ornement de nos parterres et de nos bosquets ; elles lui doivent leurs plus charmantes productions. *Anacréon* et ses traducteurs, MM. *Henry Etienne*, *Paolo Rossi*, *de St.-Victor*, ainsi que *Thompson*, l'abbé *de Lille*, *Ducis*, *Bernard*, *de Leuze*, etc., ont épuisé toutes les ressources de la poésie descriptive, et semblent n'en laisser aucune à leurs successeurs pour compléter l'histoire et le panégyrique de la rose.

D'un autre côté , les botanistes se sont attachés à décrire les espèces connues de leur temps , les uns par des *Icones* ou figures gravées , les autres par de bonnes énumérations et des descriptions détaillées. On trouve dix figures de rosiers représentées dans les *Icones stirpium* de *Lobel;* dix-neuf espèces et un plus grand nombre de variétés so t indiquées dans le *Pinax* de *C. Bauhin. Murray,* continuateur de *Linné,* en décrit vingt-une espèces dans son *Systema vegetabilium;* mais d'autres botanistes modernes , tels que *Willdenow* et *Persoon,* en ont augmenté le nombre en profitant des découvertes récentes et en faisant eux-mêmes de nouvelles recherches. Le *Species plantarum* du premier contient trente-neuf espèces de rosiers , et le *Synopsis plantarum* de *Persoon* quarante-six. Parmi les botanistes cultivateurs , il faut distinguer *Miller,* dont le Dictionnaire a été traduit et augmenté d'un supplément par les soins de M. *de Chazelles,* amateur. Cette édition, qui date déjà de 1785, renferme trente-une espèces. Ce que *Miller* dit des variétés doubles cultivées dans le jardin de Chelsea et dans ceux des riches particuliers d'Angleterre, laissait beaucoup à désirer ; mais M. le professeur *Martyn*, de l'Université de Cambridge, qui a entièrement refondu cet ouvrage, a fait disparaître une foule de répétitions inutiles, et il a désigné, d'une manière plus précise, les nombreuses variétés que l'on cultive dans sa patrie, et il les a placées dans un ordre plus naturel en se conformant cependant à celui de *Willdenow*. La plupart de ces espèces et variétés avaient été gravées à Londres et coloriées d'après nature par Mademoiselle *Lawrence ;* c'est un des ouvrages qui manquent à la Bibliothèque du Muséum d'Histoire naturelle. On dit cependant qu'il est inférieur à la belle collection des *Passiflora* que Mademoiselle *Lawrence* avait déjà publiée.

Mais nous avons aussi nos *Millers.* M. *Dumont de Courset ,* qui cultive près de Boulogne, avec autant de succès que de discernement, une des plus belles collections de végétaux que nous ayons en France, a donné, dans son *Botaniste cultivateur*, une description de trente-sept espèces de rosiers. Ses observations sont justes pour la plupart, et confirmées par sa propre expérience ; mais nous n'a-vons rien de plus complet sur la nomen-clature et sur l'éducation du rosier, que l'article sur ce beau genre, inséré dans le *Dictionnaire d'agriculture*, édition de *Deterville*. M. *Bosc*, auteur de cet inté-ressant article, a dissipé en grande partie l'obscurité que la culture a répandue sur les espèces et variétés du rosier.

Il en décrit quarante-deux, parmi les-quelles on en trouve qui n'avaient pas été déterminées avant lui. Les rapports et les différences spécifiques sont discutés avec cette sagacité qui n'appartient qu'au professeur exercé, et l'examen appro-fondi que l'auteur a pu faire, sur-tout depuis qu'il dirige les pépinières du Gouvernement, doit donner plus de poids à ses décisions.

Mais la culture, le changement de sol, de situation et de température, ont tellement multiplié les variétés des rosiers, notamment de ceux que l'on ne connaît guère qu'à fleurs doubles , que les botanistes et les cultivateurs les plus habiles peuvent souvent se tromper sur leur dénomination. «Toutes les variétés du ro-
» sier gallique, dit M. *Bosc*, ont des
» noms, dans les catalogues de Hollande,
» qui changent souvent d'une année à
» l'autre , parce que l'important, pour
» les pépiniéristes, est d'avoir du nou-
» veau, et que la plus petite différence
» ou la différence la moins constante
» suffit pour en établir une. Je ne crois
» pas, en conséquence, devoir donner
» la liste nominale de ces variétés, quoi-
» qu'elle pût être agréable à quelques
» lecteurs. »

Ce n'est pas non plus le catalogue, ou plutôt la réunion de tout ce que contiennent les catalogues des pépiniéristes français et étrangers, que nous entreprenons de donner ; la chose serait impossible, par la raison même de ces différences si légères dont on vient de parler ; car les figures coloriées ne pourraient les faire sentir. Notre objet, en composant cette nomenclature, n'a été d'abord que de faire connaître les variétés et sous-variétés les plus constantes ; nous avons essayé de les ranger dans un ordre méthodique, sous les espèces qui les ont produites ; aussi, je ne prétends pas indiquer toutes les variétés obtenues de graines, et que l'on obtient encore tous les jours des *rosa gallica, provincialis, damascena,* etc. , parce que l'on ne peut disputer des goûts , et qu'un amateur peut trouver dans les nombreuses collections de MM. *Cels, Noisette, Godefroy,* des variétés préférables, pour lui, à celles que j'ai indiquées , et dont le nombre , y compris les espèces , s'élève à cent soixante-huit. Certains catalogues vont à plus du double.

Depuis la première édition de cette nomenclature, la rédaction de l'*Almanach du bon Jardinier* a passé en d'autres mains par la mort de M. *Mordant de Launay*. Des cultivateurs habiles, tels que MM. *Féburier, Noisette, Vilmorin,* ont réuni leurs talens pour la continuation de cet ouvrage utile. L'édition de 1816 s'était ressentie de la précipitation avec laquelle on l'avait imprimée ; mais celle de 1818 ne méritera pas ce reproche, et M. *Feburier* n'a rien négligé pour la rendre plus correcte ; il a ajouté de nouvelles observations à ce que ses prédécesseurs ont dit sur la culture du rosier.

Dire que M. *Redouté* a commencé une collection de figures des principales espèces et variétés de rosiers, c'est annoncer un ouvrage digne de l'auteur des liliacées et des jardins de *Cels* et de Malmaison, ouvrage supérieur, au moins quant aux figures, à ceux de *Parkinson,* de *Roessig* et de Mademoiselle *Lawrence*. On doit louer le discernement et la concision de l'auteur du texte, M. *Thory*, qui a rassemblé en peu de pages tout ce que les amateurs pouvaient apprendre d'intéressant sur chacune des espèces que M. *Redouté* a dessinées. L'ouvrage se composera de cent vingt figures de rosiers, dont plusieurs espèces sont inédites.

Cette seconde édition de ma nomenclature est considérablement augmentée. Je m'étais borné, dans la première, à décrire les espèces et variétés de pur agrément. J'ai cru devoir y ajouter celles qui sont recherchées des seuls botanistes, ce qui donne plus d'ensemble à l'ouvrage. Il fallait d'ailleurs corriger des erreurs assez graves qui s'étaient glissées dans l'impression, et un examen plus approfondi m'a engagé à faire des changemens dans la classification des espèces et des variétés, changemens fondés sur la forme des fruits, sur l'absence ou la présence des glandes pédicellées, sur la forme et la situation des aiguillons, enfin, sur les différences que l'on remarque dans les divisions calicinales. Le temps de la floraison n'est pas le plus convenable pour la première de ces observations ; il faut attendre la maturité des fruits pour juger de la forme qu'ils affectent de prendre le plus constamment, et encore des circonstances dans lesquelles il arrive que les rosiers se trouvent placés, peuvent altérer ces mêmes formes.

L'addition des espèces botaniques a nécessité l'examen des plantes qui n'ont pas encore été introduites dans nos jardins. Je n'ai pu admettre, dans la classification, celles que nous ne connaissons que par les descriptions des voyageurs ; mais je les ai indiquées dans un tableau à part. Les espèces qui se voient à l'Ecole du jardin royal de Paris, sont en bien petit nombre et ne peuvent offrir de grandes ressources pour une monographie de ce genre ; il n'y a pas de jardins particuliers qui ne renferment une plus nombreuse collection ; mais les jardins de Malmaison, du Luxembourg et de Trianon, les pépinières dont j'ai déjà parlé, offrent au botaniste la plus grande partie des espèces, et tout ce que l'industrie des cultivateurs a obtenu en variétés d'agrément.

Quant aux plantes non cultivées en France, on les retrouve pour la plupart dans les herbiers. Celui du Muséum d'Histoire naturelle, ceux des savans professeurs *Jussieu*, *Desfontaines* et *Bosc*, m'ont singulièrement aidé dans mon travail. Il est fâcheux, pour les amateurs de la science, que les échantillons de l'*Herbier* de *Michaux* soient en si mauvais état, par suite de son naufrage. On a de la peine à vérifier la description que ce célèbre naturaliste a donnée dans sa *Flore boréale*, des rosiers qu'il a observés en Amérique.

J'ai été à portée de consulter, depuis la première édition de cette nomenclature, l'ouvrage de M. le professeur *Mar-*

tyn, peu connu en France. Il m'a fourni des notes dont j'ai fait un fréquent usage.

Enfin, je cultive moi-même un nombre considérable de rosiers, et suis par conséquent à portée de les observer. Mon système de classification tient donc autant de l'expérience que des anciennes théories. Il y a peu de genres auxquels il soit plus difficile d'appliquer ce classement, tant à cause des formes variées que la nature donne aux fruits, que du grand nombre d'hybrides que les semis ont produits et placés entre des variétés assez distinctes. Dans peu d'années peut-être il faudra étendre ce travail ; mais je crois qu'il pourra l'être avec utilité en suivant la même base, sans avoir pour cela tous les avantages d'une bonne monographie.

EXPLICATION DES ABRÉVIATIONS.

Murr. Sys. veg. — Caroli a Linné equitis Systema vegetabilium, curante *S. A. Mur-
ray*. Gottingæ, 1784.

W. Sp. pl. — Caroli a Linné species plantarum,
curante *C. L. Willdenow*. Bero-
lini, 1797 — 1810.

Pers. Syn. — Synopsis plantarum, curante *C. H.
Persoon*. Parisiis Lutetiorum,
1807.

Bot. cult. — Le Botaniste cultivateur ; par
M. *Dumont de Courset*. Paris,
1802.

Mill. Dict. — Dictionnaire des Jardiniers, par
Ph. Miller; trad. de l'anglais par
M. *de Chazelles*. Paris, 1785.

Mart. Dict. — . . . .
. . . .

Bosc, Dic. d'ag. — Dictionnaire d'agriculture, article
Rosier, par M. *Bosc*. Paris,
1809.

Poir. Enc. — Encyclopedie méthodique, partie
botanique, par M. *de la Marck,*
continuée par M. *Poiret*.

Th. Par. — La Flore des environs de Paris, par
M. *Thuillier,* botaniste. Paris,
an 7.

Mérat. Par. — Nouvelle Flore des environs de Paris, par M. *Mérat*. Paris, 1812.

Ait. Kew. — Hortus Kewensis, by William Aiton. London, 1789.

Park. Prodr. — John Parkinson.......... Prodromus.
London.

NOMENCLATURE

RAISONNÉE

des espèces, variétés et sous - variétés

DU GENRE ROSIER,

PREMIÈRE SECTION.
Fruits globuleux.

I. 1. *Rosa berberifolia, W.* — *R. germinibus globosis pedunculisque aculeatis, caule aculeis subgeminatis uncinatis, foliis simplicibus subsessilibus, W.* sp. pl. 1, p. 106. — *Idem, Pallas, nov. Act. petrop.,* 10, 369, pl. 10, fig. 5: *Voyage de Bruguière et Olivier dans l'Empire ottoman.* — *Rosa simplicifolia, Salisb. Hort. prodr.,* 359. — *Juss. gen.* 452. — Rosier à feuilles simples, *Mart. dict.,* 1, *Redouté,* Roses, 1.

Ce rosier, bien décrit dans le *Dictionnaire d'Agriculture,* n'est pas encore bien connu dans les jardins, parce qu'il est difficile à multiplier ; il a fleuri chez *Cels,* qui l'avait greffé, dit M. *Bosc,* sur le rosier très-épineux ; mais il a aussi fleuri depuis dans les serres du Jardin royal et de la Malmaison. Les pépiniéristes devraient l'essayer sur l'églantier jaune (*rosa lutea*), qui pousse très-vigoureusement. M. *Redouté* a donné une figure très-exacte de ce rosier, dont les fleurs sont grandes, jaunes, marquées d'une tache pourpre-noirâtre à l'onglet des pétales ; il fleurit dans l'orangerie en avril et mai.

II. 2. *Rosa lutea. L. W.*, 1064, sp. 2. — *R. germinibus globosis , pedunculisque glabris , calicibus petiolisque spinulosis, aculeis ramorum rectis, Ait. Kew.*, 2 , 200. — Rosier jaune simple , *Mart. dict.*, sp. 2. — *Lawr.*, tab. 12. — *Rosa eglanteria , Murr., Syst. veg.*, 1. — *Pers. syn.*, 2. — *Idem , Mérat , Fl. par.*, 2. — Rosier à fleurs jaunes, *Poir., Enc.*, 20.—Angl.,*yellow austrian rose.* — Allem. *gelbe rose.*

3. — *Rosa lutea fl pleno.*— Eglantier jaune à fleurs doubles, *Parmentier,* sous-variété. — Rose tulipe, pép. de *Noisette.*

4. — *Rosa bicolor. — Rosa lutea varietas, Murr., Syst.*, 1, *W.*, sp. 2. — *Rosa pu-*

nicea, Pers. Syn. 2. — *Mérat, Fl. par.;*
1. — Rose capucine, *Poir., Enc.,* 20.
— Rose d'Autriche rouge et jaune, *Mart.*
Dict., 2, var. *B.* — *Lawr.,* tab. 6. —
Angl., *red austrian rose.*

5. — *Rosa lutea pallida.* — Rose jaune pâle.
— Souchet, au potager de Versailles.

L'églantier jaune a été confondu par quelques botanistes avec les églantiers (*rosa
canina* et *rubiginosa*); ses feuilles sont
aussi odorantes que celles du *rubiginosa;*
il se trouve dans les haies, suivant *Mérat,*
à Andresy-sur-Seine. Je n'ai pas encore
vu chez les pépiniéristes des environs de
Paris sa variété n°. 3, qui se trouve dans
la collection de M. *Parmentier,* cultivateur et maire d'Enghien en Belgique. On
n'a pas encore obtenu de variété à fleurs
doubles du rosier capucine; mais M. *Souchet,* jardinier en chef du potager du Roi,
à Versailles, en a obtenu une sous-variété
à fleurs simples d'un jaune serin, qu'il se
propose de multiplier. Le rosier jaune
trace beaucoup, comme plusieurs autres,
et ses rejetons ne paraissent point fatiguer
le pied principal.

Les terrains les plus arides lui conviennent,

et ses fleurs y acquièrent une plus grande intensité de couleur que dans un sol plus fertile. *B.*

Le rosier jaune fleurit à la fin de mai.

III. 6. *Rosa sulphurea , L.* — *Rosa germinibus globosis , petiolis cauleque aculeatis , aculeis caulinis duplicibus majoribus , minoribusque numerosis , foliis ovalibus , Ait. Kew.,* 2, p. 201. — *W.,* sp. 3, p. 1065. — *Idem, Pers. Syn.,* 3. — Rosier jaune de soufre, *Poir., Enc.,* 19. — Rose jaune double, *Mart. Dict.,* 3. — *Lawr.,* tab. 77. — Angl., *double yellow rose.* — Allem., *schwefelgelbe rose.*

7. — *Rosa sulphurea minor.* — Pompon jaune des jardiniers.

Le rosier couleur de soufre pousse vigoureusement ; ses rameaux, longs et diffus, exigent qu'il soit soutenu et palissé ; ses fleurs s'épanouissent beaucoup mieux, mais, en général, les premières manquent rarement de réussir. Sa variété n°. 7 fleurit rarement ; on en obtient cependant quelques fleurs en la greffant sur un églantier placé au midi ; elle est plus hispide et plus épineuse que la grande espèce. Ce rosier, qui est originaire du Levant, perd ses feuilles très-tard. Il fleurit en juin.

IV. 8. *Rosa blanda, W. — Rosa germinibus globosis glabris, caulibus adultis pedunculisque lævibus inermibus, Ait., Kew.*, 2, p. 202. *— W.*, 1065, sp. 4. *— Pers., Syn.*, 4. — Rosier élégant, *Poir., Enc.*, 21. — Rosier de la baie d'Hudson, *Mart., Dict.*, 4. — *Lawr.*, tab. 27.

Nous ne connaissons encore ce rosier que par des échantillons venus probablement d'Angleterre, et par la figure de mademoiselle *Lawrence.* Ses agrémens sont de détail, et ils ne produisent pas beaucoup d'effet dans les grands jardins. J'ai vu un bel exemplaire de ce rosier dans l'Herbier général du Jardin royal des plantes de Paris..

V. 9. *Rosa cinnamomea, L. — R. germinibus globosis, pedunculisque glabris, caule aculeis stipularibus, petiolis subinermibus, Murr., Syst. vég.*, 3, p. 473. *— Idem, W.*, sp. 5, p. 1065. *— Idem* (*majalis*), *Pers., Syn.*, 5. — Rose cannelle, rose du saint-sacrement, *Bot. cult.* —Rose cannelle simple, *Mart., Dict.* 5. —

Angl., *cinnamon rose.* — Allem., *zimmt rose.*

10. — *Rosa virginiana*, *Dupont.* — Rose cannelle double, *Mart.*, *Dict.*, 5, var. B. — *Lawr.*, tab. 34.

Sous-variété, *A. Rosa scandens*, *N.*, à Belou-en-Brie.

11. — *Rosa cinnamomea variegata.* — R. cannelle panachée, pép. *Noisette.*

Ce rosier devient très-fort dans un terrain frais ; mais il réussit rarement et finit par périr dans un sol aride et sablonneux. La variété double n°. 10 est encore plus difficile sur le choix du terrain, et ses fleurs, que l'on voit en abondance dès le mois de mai, acquièrent difficilement une forme régulière. J'ai observé la sous-variété dans un jardin en Brie ; elle serait utile pour garnir un berceau. La variété n°. 11 est remarquable par ses fleurs simples assez grandes et ses pétales striés de rouge.

VI. 12. *Rosa cretica*, *Tourn.* — Rosier de Crète. — Rosier hispide, *Poir.*, *Enc.*, 15. — Rosier à feuilles odorantes, variété, *Bosc*, *Dict. d'Agr.*.

13. — *Rosa cretica punctata*, *Dupont*, collection.

Si je ne m'étais fait une loi, à l'exemple de *Linné* et de ses continuateurs, de conserver les sections des fruits globuleux et des fruits ovales, j'aurais placé ce rosier à la suite du *R. rubiginosa*, avec lequel il a des rapports. Il s'accorde assez bien avec la description du rosier hispide de *Poiret.* Ce rosier à fleurs simples est cultivé à Trianon et dans plusieurs autres pépinières ; ses feuilles sont presque rondes, fortement dentées et odorantes ; ses fruits globuleux, très-hérissés de poils durs et piquans, les divisions du calice longues et subulées, couvertes de glandes mousseuses ; il fleurit de bonne heure. La variété n°. 13 a ses pétales tigrés de blanc, parsemé plus ou moins régulièrement ; elle a été observée par M. *Bosc* dans les serres de M. *Dupont.* Le *rosa semiglandulosa* de *Mérat, Fl. par.*, a beaucoup de rapports avec notre rosier, si ce n'est que ses fruits sont glabres.

VII. 14. *Rosa arvensis , L. — R. germinibus globosis pedunculisque glabris , caule petiolisque aculeatis, floribus cymosis, Murr., Syst. vég.*, 4. — *W.*, 1066, sp. 6. — *Idem, Pers., Syn.*, 7. — *Rosa arvensis*, *Mérat*, *Fl. par.*, 4. — Rose des champs, *Poir.*, *Enc.*, 25. — Rose canine blanche, *Mart.*, *Dict.*, 6. — *Lawr.*, tab. 86. — Allem. *feldrose*.

15. — *Rosa sylvestris*, *fol. glabris*, *flore pleno*, *albo*, *Bauh.*, *Hist.*, 2, 44, 1. — Rose des champs à fleurs doubles.

Ce rosier est utile pour couvrir une fabrique de jardin-paysage, un rocher, un berceau. Ses fleurs blanches forment de jolis bouquets terminaux, et ses branches s'étendent quelquefois jusqu'à 20 pieds. Greffé à diverses places avec de belles variétés, il peut servir à former des tonnelles d'un grand effet, *B*.

La variété à fleurs doubles citée par *Bauhin* serait encore préférable; mais elle est peu connue ; on ne la trouve pas même dans les catalogues des pépiniéristes.

VIII. 16. *Rosa pimpinellifolia*, *L.* — *Rosa germinibus globosis pedunculisque glabris*, *caule aculeis sparsis rectis*, *petiolis scabris*, *foliolis obtusis*, *Murr.*, *Syst. vég.*, sp. 5. — *Idem*, *W.*, sp. 7, p. 1067. — *Pers.*, *Syn.*, 8. — *Rosa spinosissima*, var. *B.*, *Poir.*, *Enc.*, 13. —

Rosa austriaca, Jacq.—Rosier à feuilles de petite pimprenelle, *Mart., Dict.,* 7.

17. *Rosa involuta, Smith, Fl. brit.,* 3. — *Idem, Pers., Syn ,* 9.

On a souvent confondu ce rosier avec le *spinosissima,* lequel, en effet, lui ressemble beaucoup; mais j'ai cru devoir suivre le sentiment de *Willdenow, Persoon* et autres botanistes modernes, qui le regardèrent comme une espèce distincte. Le rosier à fleurs glauques et à tiges peu épineuses cultivé à Malmaison, chez *Cels ,* et que je possède aussi, me paraît, ainsi qu'à M. *Bosc,* le type du *R. pimpinellifolia ;* il ne doit entrer, au surplus, que dans les collections botaniques.

Quant au *R. involuta* de *Persoon,* je n'ai pas cru que le caractère de la corolle peu ouverte fût suffisant pour en former une espèce ; il se trouve en Ecosse. On cultive dans les serres de *Richer,* au Jardin royal de Paris, un rosier connu sous le nom d'*involuta ;* mais il est encore trop peu développé pour l'étudier et le déterminer.

M. *Noisette* a reçu d'Angleterre un rosier qui paraît être une variété du *pimpinellifolia,* et qui vient du Missouri, Amérique-Septentrionale. M. *Kennedy* l'a envoyé sous le nom de *rosa lutea nigra*.

IX. 18. *Rosa spinosissima*, *L.* — *R. germinibus globosis, glabris, pedunculis hispidis, caule petiolisque acculeatissimis*, *Murr.*, *Syst. vég.*, 6. — *Idem*, *W.*, sp. 8. — *Idem*, var. *B. Scotica minor.* — *Pers.*, *Syn.*, 10. —Rose d'Écosse, *Poir.*, *Enc.*, 13. — Rose très-épineuse, *Mart.*, *Dict.*, 8. — Rose écossaise commune, *Lawr.*, tab. 48. — Grande rose écossaise, *id.*, 19.

19. *Rosa cyphiana*, *Sibth.*, 2, 46, fig. 2. — Rose écossaise a fleurs panachées, *Lawr.*, tab. 15.

20. — Rose écossaise double blanche ; la 2e. variété des jardiniers, *Lawr.*, tab. 63.

21. —Petite rose écossaise double rouge, *id.*, tab. 62.

M. *Bosc* a remarqué plusieurs autres variétés dans la collection de *Dupont*, que possède maintenant M. *Noisette*.

Ce rosier est très-commun à Fontainebleau et en Bourgogne ; il couvre les montagnes qui avoisinent Edimbourg, où il ne s'élève qu'à quelques pouces. La variété n°. 19 pourrait bien être la même que *Smith* a nommée *involuta ;* mais celle-ci se distingue par ses fleurs blanches, striées ou tachetées de rose. C'est peut-être aussi celle que *Dupont* appelle la belle-laure.

Le n°. 20 est plus connu ; on le greffe souvent sur églantier, et le ciseau lui fait prendre une forme arrondie ; il se couvre au commencement de juin d'une infinité de petites fleurs doubles, et dont la couleur blanche contraste agréablement avec le vert sombre de ses feuilles.

M. *Noisette* m'a montré une variété à très-grandes fleurs blanches simples ; mais je ne crois pas que ce rosier se rapporte au *spinosissima.* Je ne connais pas le *rosa rubrispina* de M. *Bosc, Dict. d'Agr.,* p. 246. Celui que *Noisette* appelle ainsi a plus de rapport avec le digitaire.

X. 22. *Rosa parviflora, W. — R. germinibus depresso globosis pedunculisque hispidis, petiolis pubescentibus subaculeatis ; caule glabro, aculeis stipularibus rectis, foliolis ellipticis, floribus subgeminatis, W., Arb.,* 309. *— Idem, sp.,* pl. 9. *— Idem, Pers., Syn.,* 11. — Rosier à petites fleurs, *Bosc, Dict. d'Agr. —* Rosier d'Amérique à petites

(26)

fleurs, *Mart., Dict.*, 9. — *Rosa caroli-
na, Duroi Harbk*, 2 , 355. v. *B.* —
R. pensylvanica, Vangenh, Amér. 113.
— *Rosa humilis, Marsh., Arb.*, 136. —
Rosier à petites fleurs, *Poir., Enc.*, 37.

23. — *Idem*, variété à fleurs semi-doubles,
Hort., ÷ et à fleurs doubles, p. *Godef.*

La description de *Willdenow* est très-
exacte et en tout conforme à ce rosier que
nous cultivons ; il s'élève peu et fleurit
deux fois l'année. La variété nº. 23 n'est
pas commune ; ses fleurs sont moyennes,
d'un rose très-pâle, mais beaucoup plus
vif dans le centre, comme cela se voit
dans certaines variétés de rosiers de Bourgogne ; ses ovaires sont sensiblement
aplatis et couverts, ainsi que les calices
et pédoncules , de glandes pédicellées ; la
tige est glabre, les aiguillons stipulaires
presque droits et opposés. Quoiqu'il y ait
quelques rapports entre ce rosier et les
deux suivans, il est facile de les distinguer.

XI. 24. *Rosa lucida, W.* — *R. germinibus
globosis pedunculisque subhispidis,
petiolis glabris , subaculeatis, caule
glabro , aculeis stipularibus rectis, fo-*

*liolis oblongo ellipticis nitidis glabris,
floribus subgeminatis, W., Arb., 310.—
Idem, W,, sp., pl. 10, p. 1068. —
Pers., Syn.,*13.—Rosier luisant, *Poir.,
Enc.,* 28. — Rose d'Amérique à feuilles
luisantes, *Mart., Dict.,* 10. — *Rosa carolina, Dill., Elt.,* 325, t. 245, fig. 316.
— *Rosa virginiana, Miller, Dict.,*
n°. 10.

Ce rosier, qui nous vient de l'Amérique-
Septentrionale , est maintenant connu
dans les jardins-paysages , dans lesquels
il se fait remarquer par son feuillage luisant et d'un vert tendre. On n'en connaît
pas de variété à fleurs doubles. Ses ovaires
et pédoncules sont presques glabres, et
ses fruits moins aplatis que dans le précédent.

XII. 25. *Rosa rapa, Bosc, Dict. d'Agr.* —
Rose turneps, *rosa turgida, Pers.,
Syn.,* 27. — *Rosa germinibus turbi-
nato hemisphericis hispidis æqualibus,
foliis ovatis nitidis glabris.* — *Rosa
fraxinifolia, Bot. cult.,* 37. — Rose à
feuilles de frêne.

Cette espèce, que M. *Bosc* a suffisamment
décrite, a quelques rapports avec la pré-

cédente. Ses feuilles sont ovales, pointues, d'un vert foncé ; les fruits turbi-
nés, mais plus élargis vers leur sommet
que dans le rosier de Francfort ; les boutons semblent sortir d'un involucre
assez large, formé par des stipules
décurrentes, caractère remarquable dans
cette espèce. Les folioles du *rosa lucida*
sont plus elliptiques qu'ovales, plutôt crénelées qu'incisées, caractères qui le distinguent suffisamment de celui-ci.

Je ne connais pas le rosier turneps à fleurs
simples; il commence à fleurir en juin, et
cette floraison se prolonge jusqu'en août ;
la beauté de son feuillage et la singula-
rité de ses fleurs et de ses fruits lui assu-
rent une place dans les jardins d'ornement.
Je crois qu'il a été nommé mal-à-propos
fraxinifolia; cette dénomination convient
davantage à une espèce dont je parlerai en
son lieu.

XIII. 26. *Rosa carolina, Bosc, Dict. d'Agr.,*
p. 247.

Aucun rosier ne m'a donné autant de peine
à déterminer que celui-ci ; il a de si grands
rapports avec le *parviflora*, qu'au premier coup d'œil on serait tenté de les

confondre ; mais ce dernier a les fruits aplatis, celui de Caroline les a globuleux, un peu allongés, presque glabres. Dans les deux, les fleurs sont solitaires ou deux à trois ensemble, ce qui les distingue du *carolina* de *Willdenow*, dont les fleurs sont rassemblées en corymbes nombreux. Comme le *parviflora*, ses feuilles sont ovales, lancéolées, coriaces et luisantes, mais la tige est pourvue non-seulement d'aiguillons stipulaires droits, mais encore, dit M. *Bosc*, d'aiguillons nombreux, ce que je n'ai remarqué sur aucun des rosiers qui ont été confondus avec celui-ci. A l'exception de cette particularité, qui existe peut-être dans la partie inférieure de la tige, le *rosa virginica* de la pépinière *Godefroy* réunit tous les autres caractères du rosier caroline de M. *Bosc*. Quant à celui qui se trouvait chez *Dupont*, et dont il est question dans le *Diction-naire d'Agriculture*, il faut penser que nous l'avons perdu, le rosier que M. *Noisette* cultive sous le nom de *carolina*, et que je possède aussi, étant conforme à la description de *Willdenow*.

XIV. 27. *Rosa corymbosa, Erhart., Beytr.,*

4, p. 21, *C.* — *Rosa germinibus globosis pedunculisque subhispidis, petiolis pilosis subaculeatis, caule glabro, aculeis stipularibus subuncinatis, floribus corymbosis.* — *Rosa carolina,* *W., Arb.,* 311. — *Idem,* sp. pl. 11. — *Idem, Pers., Syn.,* 13. — Rose de Caroline, *Poir., Enc.,* 9. — Rose à corymbes, Trianon.

La description que *Willdenow* donne du *rosa carolina* convient parfaitement à notre *corymbosa* de Trianon, dont les folioles ne sont pas obtuses, mais ovales-oblongues et lancéolées ; ses tiges sont glabres, les aiguillons stipulaires recourbés, les folioles calicinales simples, mais très-allongées ; les pétioles sont épineux, mais moins velus que dans le suivant, qui peut-être n'en est qu'une variété.

28. — *Rosa corymbosa, Ehr.,* var. *B., Pers., Syn.,* 13. — Rosier en corymbe, *Bosc, Dict. d'Agr.,* p. 248.

Voyez la description du *Dictionnaire d'Agriculture,* qui convient parfaitement à ce rosier ; il est cultivé au potager de Versailles et dans la pépinière de *Godefroy* ; ses fleurs sont moins nombreuses que dans le précédent, mais son feuillage est plus agréable ; il est aussi moins pourvu d'aiguillons. Ces deux rosiers, que *Poiret* considère comme synonymes du *carolina*, fleurissent en août.

— *Rosa pensylvanica, Bosc, Dict. d'Agr.,* p. 248. — *Mich., Fl. bor.,* 1, p. 296.

Rosier que j'ai vu à Trianon simple et double. Il est entièrement perdu depuis la destruction de l'école. Ses ovaires et pédoncules sont glabres.

XV. 29. *Rosa villosa, L.* — *Rosa germinibus globosis pedunculisque hispidis, caule aculeis sparsis, petiolis aculeatis, foliis tomentosis, Murr., Syst. veg.,* p. 474. — *Idem, W.,* sp., pl. 12, p. 1069. — *R. idem (pomifera), Pers., Syn.,* 16. — Rosier velu, *Poir., Enc.,* 14. — Rosier hispide, *Bosc, Dict. d'Agr.,* p. 249. — *Idem, Bot. cult.,* 11. — *Rosa villosa, Mérat, Fl. par.* — Rose pomifère, *Mart., Dict.,* 12.

30. — *Idem,* variété à fleurs semi-doubles, pép. *Noisette,* etc.

— Sous-variétés à pétales crénelés, *idem.*

31. — *Rosa mollissima, W.,* var. *B.,* sp. 12, p. 1070. Malmaison.

32. — *Rosa reversa*, *W*., *M. S.* pépinière de *Noisette*.

Ce rosier est indigène en France ; je l'ai trouvé près de Fontainebleau, à la côte de Champagne. Ce n'est cependant pas le *villosa* de *Thuilier*, que M. *Mérat* nomme avec raison *rosa tomentosa*. Celui dont il est question est le pomifère de *Tournefort*; ses fruits bien mûrs sont agréables. M. *Bosc* observe que ses feuilles légèrement froissées exhalent une odeur résineuse qui le fait reconnaître. J'ajouterai à cette remarque qu'elles sont visqueuses, sur-tout au printemps. — La variété à fleurs semi-doubles et doubles devient très-forte ; elle mérite d'être cultivée pour ses fleurs nombreuses et d'un rose tendre, et M. *Noisette* en cultive une sous-variété à pétales crénelées comme l'œillet.

Le *rosa mollissima* de *Willdenow* se distingue du *villosa* par ses feuilles plus arrondies et ses fruits glabres. Le *rosa reversa* n°. 32, du même auteur, se trouve dans la pépinière de M. *Noisette;* il semble tenir du *villosa* par ses feuilles allongées, mais moins velues, et du *mollis-*

sima par ses fruits presque glabres, mais moins gros que dans les deux premières. C'est une variété très-peu connue, et qui ne me semble avoir d'importance que pour une collection.

Nota. Je ne connais pas le *rosa ciliata* de *Bosc*, observé chez *Dupont*.

XVI. 33. *Rosa rugosa, Thunb., Jap.*, 213. — *Rosa germinibus globosis glabris, pedunculis, caule petiolisque aculeatis, foliis subtus tomontosis, W.*, sp. 13, p. 1070. — *Idem, Pers., Syn.*, 17. — Rosier hérisson, *Bosc, Dict. d'Agr.*, p. 249. — Rose à feuilles ridées, *Mart., Dict.*, 13. — Allem., *Runzliche rose.*

34. — *Rosa kamschatika, Pers., Syn.*, 6. — Rosier du Kamtschatka, *Poir., Enc.*, 6, *H. R. Redouté*, roses. — *Rosa aculeatissima? Bot. cult.*

Quel est le véritable *rugosa*, peut-on demander? car tous ceux que nous voyons, soit dans les jardins publics, soit dans ceux des particuliers, y portent le nom de *kamschatika*. Il y en a bien dans la pépinière de Trianon, dont les tiges sont moins épineuses, les feuilles moins cotonneuses, moins ridées et moinsobtuses que dans le premier. J'en ai remarqué un autre à l'ancienne école qui a les folioles ovales, cotonneuses, des fruits glabres, et les pétioles, pédoncules et tiges parsemés d'aiguillons. Les fleurs de ce dernier sont simples et blanches. Quoi qu'il en soit, le rosier du Kamtschatka, s'il devient commun, comme cela doit être, vu sa rusticité, pourrait former des haies d'une bonne défense. Il a été décrit par *Ventenat* dans le jardin de *Cels*, et dessiné par M. *Redouté* dans sa collection des roses. Je crois qu'on peut lui rapporter aussi le *rosa aculeatissima* de M. *Dumont de Courset*.

XVII. 35. *Rosa hispida*, *Poir.*, *Enc.*, 15. — Rosier hispide. — *Rosa germinibus globosis pedunculisque hispido-aculeatis, foliis ovatis, subtus albido tomentosis, caule aculeis sparsis, floribus solitariis*, *Poir.*, p. 286.

Ce rosier était cultivé au Jardin royal des Plantes, puisque M. *Poiret* l'y a vu; il a péri depuis, ainsi que plusieurs autres. L'exemplaire que je possède vient de la collection qu'avait formée M. *de Cubières* à Versailles; mais je sais qu'il est cultivé maintenant à Belleville chez **M.** *Thosy*, amateur qui me l'a communiqué. Du reste, le rosier hispide n'est que de collection et ne produirait aucun effet dans nos jardins paysagers.

XVIII. 36. *Rosa rubrifolia*, *L.* — *Rosa germinibus ovatis pedunculisque glabris leucescentibus , petiolis aculeatis , caule aculeis spartis uncinatis, foliolis oblongis argute serratis glabris, floribus subcorymbosis.* *W.sp.* 24, p. 1075. *Idem Pers. syn.* 32. — *Vill. Delph.* 3. 549.—Rose à feuilles rouges, *Mart. Dict.* 24. — Rosier glauque. *Bot. cult.* 6. — Rosier à feuilles rougeâtres. *Poir. Enc.* 8. —*Rosa, glauca.* Hort. Paris. *Redouté.* Roses.—*Allem. Rothblatriege,* Rose.

37. *Idem* variété à fl. semi-doubles. Pép. *Noisette ,* etc.

Les auteurs placent ce rosier dans la section des fruits ovales ; mais *Bosc* et *Dumont de Courset* l'ont rangé avec raison dans la première. J'aurais pris un terme moyen en le faisant entrer dans une section intermédiaire des fruits semi-globuleux ; mais je me suis assuré depuis que les fruits du rosier glauque devenaient globuleux dans leur maturité. J'ai remarqué aussi sur un vieux pied qui est devenu très-fort, que les rameaux étaient dépourvus d'aiguillons et qu'ils perdaient leur glaucosité. Ce rosier est remarquable par ses touffes qui deviennent considérables, et le contraste que produit sa couleur avec ceux de son genre. On doit donc l'employer dans les grands jardins.

DEUXIÈME SECTION.

Fruits presque globuleux.

XIX. 38. *Rosa turbinata, Ait. — Rosa germinibus turbinatis pedunculisque pilosis, petiolis villosis, aculeis spersis recurvis, Ait., Kew.,* 2, p. 206. — *Idem, W.,* sp. 20, p. 1073. — *Pers., Syn.,* 28. — *R. campanulata, Ehrh.,* Beitr. 6, p. 97. — *R. francofurtiana, Hortul. — Idem, Bot. cult.,* 25. — Rosier turbiné, *Poiret, Enc.,* 4. —Vulg. rose de Francfort, rose à gros cul.

39. *Idem,* variété à fl. doubles, pép. *Noisette, Godefroy,* etc.

Ce rosier est trop connu pour en faire une description plus détaillée que la phrase d'*Aiton*. Sa variété, n°. 39, chargée ; au commencement de juillet, de fleurs nombreuses, ne doit pas être oubliée dans les grands jardins. Greffée sur églantier, elle donne d'aussi belles têtes que le rosier de Provins, ainsi que je l'ai observé dans la collection de M. *de Verdun*, à Montreuil, près Versailles.

XX. 40. *Rosa gallica*, L. — *R. germinibus ovatis pedunculisque hispidis, caule petiolisque hispido-aculeatis, Murr., Syst., veg.* 13, p. 474. — *Idem, W.,* sp. 16, p. 1071. — *Pers., Syn.,* 21. — Rosier de Provins, *Poir., Enc.,* 3. — Rosier gallique, *Bot. cult.* 15. — *Id., Bosc, Dict. d'agr.,* — Rose rouge, *Mart., Dict.,* 16. — Rose rouge officinale, *Lawr.,* tab. 16. — Angl., *redofficinal,* rose. — Allem., *zucker,* rose.

Aiton et les continuateurs de *Linné* ont placé ce rosier dans la section des fruits ovales, mais les siens sont évidemment globuleux ou presque globuleux dans leur maturité ; cette considération m'a engagé à le placer dans une section intermédiaire, d'accord avec les auteurs français.

Aucune espèce, je crois, n'offre aux ama-

teurs un aussi grand nombre de variétés ;
mais il est assez difficile de les mettre en
ordre. Dans le *rosa centifolia ,* les variétés se distinguent aisément par les formes du feuillage qui affectent celles d'autres plantes, ou bien par des différences
marquées dans la fleur et ses parties ex-
térieures ; dans le *gallica,* ce n'est guère
que dans la couleur, les nuances et les
dimensions de la fleur, que l'on peut
établir des sections. Aussi je me conten-
terai de citer les variétés les plus remarquables, pour éviter la confusion que les
catalogues hollandais ont jetée sur cette
belle espèce.

§. I. *Les pourpres.*

41. Rose pourpre, semi-double.

Fleurs grandes, d'un rouge clair, assez vif.
C'est celle que l'on cultive avec profusion
aux environs de Paris et de Provins, pour
l'usage des pharmaciens et des confiseurs.

42. Rose pourpre ponceau.

Est plus double que la précédente ; fleurs
grandes, d'un rouge foncé très-vif. Elle
se trouve dans toutes les pépinières.

43. Rose gallique. — La Junon, *Dupont*, pép. de *Godefroy*.

Fleurs très-doubles, d'un rouge clair et égal. Ce rosier végète rapidement et forme de belles têtes lorsqu'il est greffé. Celui de Trianon ne me paraît pas le même ; les fleurs sont moyennes, varient en couleur, les pétales sont agatisés. C'est peut-être un hybride avec le *provincialis*.

44. Rose. — Le roi des pourpres.

A du rapport avec la précédente. Fleurs plus grandes et plus doubles, même intensité de couleur.

45. Rose. — A grand cramoisi, pépinière de Trianon.

Est fort remarquable ; c'est la plus foncée d'entre les pourpres ; la fleur n'est pas très-double, mais régulière et d'une couleur égale. On devrait le multiplier.

§. II. *Les Roses.*

46. Rose. — L'ornement de parade, pép. de *Godefroy*.

C'est une des belles variétés que je connaisse. Les fleurs, entièrement épanouies, ont 3 pouces de diamètre et davantage. Elle a des rapports avec la suivante.

47. Rose. — La grandesse royale, pép. *Cels,
Noisette*, etc.

Elle est d'un rose moins vif et tirant sur
l'hortensia ; ses fleurs sont plus globuleuses, même dans leur développement.
Il y a peu de différence entre cette variété et celle que les pépiniéristes appellent le *Grand Monarque.*

48. *Rosa variegata.* — *R. gallica, varietas,
Pers.*, 21. — *Idem, versicolor, Poir.,
Enc.*, 3. — Rose panachée. — *Rosa
gallica-versicolor, Ait., Kew.*, 205. —
Idem, var. B., *Mart. Dict.* 16. — *Rosa
mundi, Lawr.*, tab. 13.

Cette variété, connue et citée par les auteurs,
est aussi fort remarquable par ses fleurs
blanches panachées et jaspées de rose, qui
la couvrent entièrement en juillet. Cependant ses fleurs durent peu. Je ne la
connais que semi-double. La variété appelée *Yorck* et *Lancastre,* qui lui ressemble à quelques égards, n'appartient
pas à cette espèce.

Il est essentiel de remarquer que dans les
variétés du *rosa gallica ,* comme dans
plusieurs des rosiers les plus cultivés, la
forme des feuilles ne présente pas des

caractères constans ; cela vient des hybrides provenus d'espèces croisées ; celles
du *rosa versicolor* sont ovales, acumi-
nées, presque entières, d'une contexture
épaisse et un peu tomenteuses en dessous.
Les divisions calicinales sont simples,
courtes et presque sans prolongement
pinné ; c'est le caractère du *gallica*.

Dans d'autres, les feuilles sont oblongues
et fortement dentées, les divisions du
calice sont un peu pincées ; c'est le caractère des hybrides du *gallica* et du
provincialis dont je vais parler.

49. *Rosa gallica.* — La pivoine, *N.* — Nouvelle pivoine, pép. de Lille.

On a trouvé, avec raison, que cette dénomination lui convenait mieux qu'à toute
autre variété. Sa fleur est très-grande,
double, d'un rose tendre, mais plus vif
dans le centre ; c'est peut-être la plus belle
variété du *gallica. Godefroy* l'avait reçue
de Hollande sans nom, et l'avait provi-
soirement appelée le *grand Triomphe.*

50. *Rosa.* — La rose mauve, *N.* — L'ancienne pivoine des jardiniers.

Fleurs assez grandes, semi-doubles, d'une
forme régulière ; pétales striés ou jaspés

en rose sur un fond pâle, comme dans la *malva trimestris*, dont elle offre plus la ressemblance que celle de la pivoine. Les fleurs se succèdent jusqu'en août, ce qui est un avantage dans ce genre.

51. *Rosa.* — L'aimable rouge, pép. *Cels, Noisette*, etc.

Elle est remarquable par sa couleur d'un beau rose hortensia, se teignant en blanc vers le bord des pétales. La fleur s'arrondit comme dans plusieurs autres variétés du *gallica*, c'est-à-dire que ses nombreux pétales se couchent en dehors et forment une tête comme dans les tagètes à fleurs doubles. Je présume que cette variété pourrait être le virgin, rose de Mademoiselle *Lawrence*, n°. 7. A Trianon, plusieurs pieds de cette plante prennent une plus grande intensité de couleur; c'est la même, mais d'une couleur plus foncée, que l'on cultive chez M. *Noisette*, sous le nom de *cent feuilles d'Angleterre*. C'est aussi la même que M. *Godefroy* appelle *rose hortensia*.

§. III. *Les violettes.*

52. *Rosa.* — Pourpre belle violette.

Fleurs très-doubles, d'un pourpre violet
clair, égal. Elles sont moins nombreuses
que dans la suivante.

53. *Rosa.* — La rose évêque (*bishops*).

Très-belle variété ; fleurs grandes, doubles,
de couleur violette un peu striée, pi-
quetée quelquefois de petits points blancs.
Il y a des sous-variétés qui ne sont que
des dégénérations de celle-ci. Cependant
il faut distinguer celle qu'une basse adu-
lation a fait nommer *rose Napoléon,*
et qui est connue, dans la pépinière de
Godefroy, sous le nom de *Grand
Alexandre.*

54. *Rosa.* — Le manteau pourpre.

Fleurs grandes, pétales très-larges, d'un
pourpre violet éclatant, moins double
que la précédente, mais d'une végétation aussi forte.

55. *Rosa.* — Rose de la Reine. — *Rosa
Reginæ dicta,* pép. *Godefroy.*

Fleurs d'un beau violet clair, pétales à
bords blancs. Cette plante, très-double,
pourrait bien être un hybride du *provincialis.* La fleur est de moyenne grandeur.

(44)

56. *Rosa.* — La noire de Hollande , pép.
Noisette , Godefroy, etc.

C'est une des plus foncées en couleur; elle
n'est pas très-double, mais ses fleurs d'un
violet tirant sur le noir doivent la faire
distinguer.

§. IV. *Les veloutées.*

J'appelle veloutées les roses de Provins ,
dont les pétales donnent un reflet lorsqu'ils sont exposés à une grande lumière. Cette disposition est sensible dans
celles dont je vais parler.

57. *Rosa gallica.* — La maheca simple.

Ce rosier est le type des suivans, que l'on
devrait peut-être considérer comme des
sous-variétés. Ses pétales sont d'un rouge
foncé, nuancé vers le centre. Il faut y
joindre la semi-double, qui n'en diffère
que par le nombre des pétales.

58. *Rosa.* — Le velours pourpre.

Fleurs très-doubles, moyennes , cramoisies,
tirant sur le violet, nuancées d'un pourpre
plus clair vers le centre.

59. *Rosa.* — La superbe en brun.

A des rapports avec la précédente, mais sa
couleur est plus foncée ; et ses pétales

maculés de taches brunes très-remar-
quables , sur-tout avant l'entier développement de la fleur.

6o. *Rosa*. — Le pourpre charmant.

A quelques rapports avec le manteau pourpre ; mais ses fleurs sont très-doubles ,
moyennes , nombreuses , d'un pourpre
éclatant, égal et velouté.

61. *Rosa*. — La renoncule.

Fleurs moyennes , très-doubles , cramoisies ;
pétales courts , serrés , couchés en dehors
dans l'épanouissement ; quelquefois ces
fleurs sont prolifères, et par cela même
perdent leur éclat.

62. *Rosa*. — La renoncule noirâtre , pépinière
Miellez, à Lille.

Fleurs moyennes , très-doubles , nuancées
du pourpre clair au violet foncé , et très-
veloutées. Les agrémens de cette plante,
comme de la plupart des *gallica*, dispa-
raissent dans le parfait épanouissement.

63. *Rosa*. — Le cramoisi brillant. — *Rosa*
cramosissimo amplo. Lille.

Fleurs grandes , très-doubles , cramoisies et
nuancées jusqu'au centre du carmin le plus
éclatant. C'est une des plus belles variétés.
Je cultive une sous-variété que l'on appelle,

dans les pépinières de Lille ; *cramosissimo minor.*

64. *Rosa.* — Le velours noir, pép. de *Miellez,*
à Lille.

Fleurs grandes, doubles, veloutées, d'un
cramoisi très-foncé, presque de couleur
puce. Elle se voit aussi à Lille, chez
M. *Cardon.* Je l'ai aussi remarquée dans
le jardin-fleuriste du Roi à Sèvres. Il ne
faut pas la confondre avec la noire de
Hollande, dont le fond est violet.

§. V. *Les Pompons.*

65. — *Rosa gallica minor.* — La rose Saint-
François, pép. de Trianon.

Ce rosier, que j'ai remarqué à Trianon,
chez *Godefroy* et dans d'autres pépinières, est absolument semblable au *rosa
gallica,* dont il a tous les caractères.
C'est le plus petit des pompons ; je ne le
connais que double, et sa fleur est d'un
pourpre violet, comme le rosier suivant,
dont il diffère pour tout le reste. Greffé
sur églantier, il forme une jolie tête qui
se couvre de fleurs en juillet. Je ne le
crois pas très-répandu.

Variétés assez remarquables qui apparticnnent au *rosa gallica*, et que je n'ai pu classer encore.

Le grand pompadour. — Le bizarre triomphant. — Entreprise première. — La porcelaine à bords blancs.

XXI. 66. *Rosa remensis*, N. — *R. meldensis*, *Bot. cult*, 14. — Rose de Champagne — *Rosa provincialis*, var. *B.*, *W.*, sp. 14. — *Rosa burgundiaca*, var. *provincialis*, *Pers.*, *Syn.*, 18. — *Rosa gallica*, var. *Bosc*, *Dict. d'Agr.* — *Rosa remensis*, *Hort. Paris.* — *Rosa gallica*, var. *B. remensis*, *Poir.*, *Enc.*, 3. — Rose de Meaux, le pompon rouge, le pompon des Alpes, Trianon. — *Rosa provincialis*, var. rose de Meaux, ou petite rose naine, *Mart.*, *Dict.*, 14. — *Curt. Magaz.*, 407. — *Lawr.*, tab. 50.

67. — *Idem*, variété à fleurs doubles, pép. de Trianon et autres.

Ce rosier a été placé tantôt comme variété du *provincialis*, tantôt comme variété du *gallica*. Il est certain qu'il tient des deux espèces ; mais il en diffère, de même que du rosier de Bourgogne, par ses rameaux d'un vert clair, couverts, ainsi que les feuilles, les calices et les pédoncules, d'un duvet cotonneux ; les divisions calicinales ne sont pas complétement pincées, mais elles ont cela de commun avec plusieurs variétés du *rosa provincialis*. La variété n°. 67, greffée sur tige, est très-jolie ; elle présente encore mieux que le pompon de Bourgogne une tête toute couverte de fleurs ; elle est plus rameuse et présente un buisson plus serré.

XXII. 68. *Rosa provincialis, W.—Rosa germinibus subrotundis, pedunculis petiolisque hispidis, aculeis ramorum sparsis subreflexis, foliolis ovatis subtus villosis, serratulis glandulosis, Ait., Kew., 2, p. 204.—W.*, Arb. 314. — *Idem Sp. pl.*, 14. p. 1070. — *Rosa burgundiaca*, var. *provincialis, Pers., Syn.*, 1. — *Rosa gallica*, var. *A provincialis, Poir., Enc.*, 3. — Rose de Provence, *Bosc, Dict. d'Agr.—Idem, Mill., Dict.*, n°. 18. — *Mart.*, 14. — Rose commune de Provence, *Lawr.*, tab. 22.

69. — *Rosa provincialis rubra, Park.*, Prodr., 415, n°. 6. — Rose de Provence rouge et écarlate, *Lawr.*, tab. 22. — Angl., *Provence rose.*

Ce rosier a de tels rapports avec le *gallica*, et même avec le *centifolia*, qu'il n'est pas surprenant que plusieurs auteurs l'aient considéré comme une variété. Cependant ses feuilles ovales, quelquefois arrondies, très-glabres en dessus, mais un peu velues en dessous, fortement dentées avec de petites dentelures à chaque incision, les folioles calicinales allongées et pincées, ses corymbes composés de trois à six fleurs, doivent le faire distinguer des autres rosiers. Mais plusieurs de ses variétés hybrides se rapprochent du *gallica*. Ce sont celles que les pépiniéristes nomment agates, et que par erreur j'avais placées parmi les *gallica*, dans la première édition de cette Nomenclature. *Miller* les cultivait en Angleterre ; mais il ne les avait pas déterminées d'une manière précise.

Le *rosa provincialis* à fleurs simples se trouve chez *Cels*, où je l'ai observé. Ses caractères sont absolument ceux qu'indique *Aiton*.

2ᵉ. VARIÉTÉ.

70. — *Rosa.* — L'agate royale.
Fleurs moyennes, doubles, nombreuses,

4

(5o)

d'un rose vif; fleurit l'une des premières;
celle que l'on cultive à Trianon est plus
foncée vers le centre et varie de couleur.

— Sous-variété : Agate de Provence.

Fleurs plus pâles. C'est le *provincialis incarnata* de la pépinière *Noisette.*

3e. VARIÉTÈ.

71. — *Rosa.* — L'agate prolifère. — *Idem,*
la précieuse agate.

— Sous-variété : L'incomparable, pépinière
de Trianon.

C'est une monstruosité qui n'a pas lieu dans
toutes les fleurs de ce rosier; il sort de
leur centre un ou deux boutons qui s'épanouissent rarement. La sous-variété de
Trianon est très-double, et d'un pourpre
clair tirant sur le violet.

4e. VARIÉTÉ.

72. — *Rosa.* — La duchesse d'Angoulême,
N. — *Rosa incarnata, Mill., Dict.,*
no. 19. — Rose de Provence blanche,
Lawr., tab. 4.

Ce rosier a été publié par les pépiniéristes
sous le nom de Marie-Louise. Cette variété, qui est probablement la même que
le *white provence rose* des Anglais, se dis-

tingue par ses fleurs moyennes très-doubles, d'un blanc légèrement lavé de rose, assez nombreuses ; les rameaux sont très-serrés et produisent de l'effet lorsque ce rosier
est greffé sur tige.

— Sous-variété : le roi de Rome, aujourd'hui
le Grand-Dauphin, *N.*

Ce rosier présente les mêmes caractères,
mais sa couleur est plus foncée; elle est
d'un beau rose hortensia qui ne s'est pas
altéré. Il a été envoyé de Bruxelles à
M. *Lelieur* sous le nom d'*Enfant de
France,* dénomination que l'on a traduite
dans ce temps-là par celle du roi de Rome,
Blush provence rose, *Lawr.*, tab. 1.

5e. VARIÉTÉ.

73. — *Rosa.* — L'agate de Portugal. — *Bland-
ford or Portugal rose*, *Lawr.*, tab. 21.
Je n'ai pu vérifier auquel de nos rosiers il se
rapporte.

6e. VARIÉTÉ.

74. — *Rosa.* — L'agate de Francfort.
Fleurs roses ou couleur de chair, très-doubles; corymbes de sept à huit fleurs, nombreux, très-serrés; il est rare que les fleurs,
par l'effet d'une trop forte végétation,

prennent une forme régulière et s'épanouissent complétement. Il n'en est pas
moins recherché des amateurs.

XXIII. 75. *Rosa alpina, L. — R. germinibus
ovatis glabris, pedunculis petiolisque
hispidis, caule inermi, Gmel., Sib., 3,
p. 177. — Idem, W., p. 1075, sp. 26.
— Idem, Pers., Syn., 33.* — Rose des
Alpes, *Bot. cult.,* 16. — Rosier des
Alpes, *Poir., Enc.,* 7. — *Rosa inermis,
Mill., Dict,* n°. 6. — Rose des Alpes,
Mart., Dict., n°. 26. — Angl., *Alpine
rose.* — Allem., *Alpen rose.*

76. — *Idem,* variété à fleurs doubles, rose de
Chine des jardiniers.

Ce rosier présente à la vérité des fruits ovales,
lors de la floraison ; mais ils s'arrondissent
lors de la maturité, et d'autres sont d'abord
semi-globuleux; c'est ce qui m'a engagé à le
placer dans cette seconde section. La variété n°. 76 est cultivée depuis long-temps
dans nos jardins ; plusieurs pépiniéristes
l'appellent, je ne sais pourquoi, *rosa sinensis.* Greffée sur une forte tige de *rosa
sepium,* elle pousse si vigoureusement,
qu'elle peut couvrir un berceau ou autre
fabrique.

(53)

XXIV. 77. *Rosa lagenaria, W.* — *Rosa germinibus ovatis glabris , pedunculis petiolisque glanduloso - hispidis , caule
inermi , foliolis ovalibus glabris , W.,*
p. 1075, *sp.* 25. — *Rosa alpina* , var.
lagenaria , Pers., Syn. , 28. — Rosier
à fruits en calebasse , *Bosc, Dict. d'Ag.*
— *Rosa alpina* , var. *C. lagenaria ,
Poir., Enc.,* 7. — Rosier à fruits **en**
forme de bouteille , *Mart., Dict.,* 25.

On ne connaît pas de variété double de ce
rosier, qui n'a de remarquable que la forme
particulière de ses fruits. J'ai cru devoir
suivre l'opinion de *Willdenow* et de *Bosc,*
en le considérant comme espèce distincte;
mais jusqu'ici cette plante n'est que de
collection. Je le possède en herbier, et ne
l'ai encore vu dans aucun jardin.

XXV. 78. *Rosa cannabina , Bot. cult.* — Rosier à feuilles de chanvre.—*Rosa sanguisorbæ folia ,* coll. *Parmentier.*

Nouvelle espèce cultivée depuis quelque
temps dans les pépinières. Tiges glabres
et sans épines, feuilles composées de trois
à cinq folioles allongées , dentées en scie,
d'un vert sombre en-dessus, blanchâtres
en-dessous; pétioles armés de quelques
aiguillons courbés ; fleurs axillaires et

terminales, de deux à trois ensemble, moyennes, doubles, blanches; fruits semi-globuleux, glabres; divisions calicinales simples, allongées. Je ne connais pas l'origine de ce rosier, qui a des rapports avec les deux précédens. Le *rosa sanguisorbæ folia* de *Noisette* est un *alba*, et ne ressemble nullement à celui-ci.

XXVI. 79. *Rosa fraxinifolia*, *N.* —Rosier à feuilles de frêne.

Il paraît que ce rosier, dont je possède un échantillon, et que j'ai vu cultivé à Belair-sur-Bièvre, n'est pas celui de *Persoon*, ni même celui de *Dumont de Courset*, qui se rapportent au rosier turneps. Ses tiges sont inermes; on y distingue à peine,quelques aiguillons très-courts, ainsi que sur les pétioles ; les feuilles sont composées de sept à neuf folioles ovales dans la partie inférieure de la tige, mais allongées et en tout semblables à celles du *fraxinus excelsior* dans les rameaux supérieurs. Fleurs grandes, semi-doubles, terminales; ovaires semi-globuleux, différens de ceux du turneps; divisions calicinales allongées et semi-piranées ; pédoncules et calices couverts de poils hispides et très-courts. Ce rosier était cultivé dans la pépinière de M. *Boulogne*, à Clamart-sous-Meudon ; j'ignore s'il s'y retrouve encore.

TROISIÈME SECTION.

Fruits ovales.

XXVII. 80. *Rosa pyrenaïca, Gouan.* — *Rosa germinibus ovatis pedunculisque hispidis coloratis, petiolis hispido-aculeatis, calycibus omnino foliolis, Gouan, illustr.* 31 *, tab.* 19. — *Idem, Willd.,* p. 1067, *sp.* 27. — *Idem , Pers., Syn.,* 25. — *Rosa hispida , Krock , Siles.,* n°. 783. — *Rosa alpina ,* var. *B., Poir., Enc.,* 7. — Rosier des Pyrénées, *Mart., Dict.,* 27.

A beaucoup de rapports avec le rosier des Alpes, mais ses fruits sont décidément ovales et hispides, ainsi que les pédoncules. Cette plante n'est que de collection botanique. Le *rosa verticillata* de *Mérat, Fl. par.,* a aussi des rapports avec le *pyrenaïca,* mais ses fruits sont globuleux.

XXVIII. 81. *Rosa pendulina, Ait., Kew.* — *R. inermis, germinibus oblongis, pedunculis petiolisque hispidis, caule ramisque glabris, fructibus pendulis, Ait.,*

Kew., 2, p. 208. *Idem, W.*, Arb. 322.
— *Idem, Sp. pl.* p. 1076, *sp.* 28. —
Pers., Syn., 34. — Rosier à fruits pen-
dans, *Poir., Enc.*, 9. — *Rosa virginiana, Mill., Dict.—Mart., Dict.*, 28.
— *Lawr.*, tab. 6,—Angl., *great barnet
leaved rose.*— Allem., *hangende roses.*
Ce rosier n'est nullement remarquable, mais
il doit se trouver dans les collections botaniques. Je l'ai vu cultivé à la pépinière
royale du Roule, à Paris et à Trianon.

XXIX. 82. *Rosa montana* , *L.* — *Rosa germinibus oblongis pedunculisque hispidis , petiolis aculeatis, caule aculeis
stipularibus uncinatis , foliolis glabris
obovatis glanduloso-serratis , Willd.*,
p. 1076, *sp.* 29. — *Idem, Pers., Syn.*,
36. — Rose des montagnes, *Poir., Enc.*,
27. — *Idem, Bosc, Dict. d'Agr.* —
Rosa montana, Mart., Dict., 29.
Ce rosier a quelques rapports avec le *rosa
arvensis.* Ses fleurs sont blanches et
assez grandes. « Il en reste encore un pied,
» dit M. *Bosc*, dans le second enclos des
» couches au Jardin des plantes de Paris,
» que j'avais envoyé de Trianon, avant la
» destruction de l'école. » J'ai cherché ce

rosier avec soin sans le trouver; il est probable qu'il a péri.

XXX. 83. *Rosa multiflora*, *Thunb.* — *Rosa germinibus ovatis pedunculisque iner- mibus villosis, caule petiolisque acu- leatis, Thunb.*, *Jap.*, 214. — *Willd.*, p. 1077, *sp.* 30. — *Idem*, *Pers.*, *Syn.*, 27. — Rosier multiflore, *Poir.*, *Enc.*, 22. — *Rosa centiflora*, *Bosc*, *M. S.* — Rosier milliflore, *Mart.*, 30.

Il y a peu d'années que l'on cultive ce beau rosier dans les environs de Paris; il nous vient d'Angleterre. Je suis surpris que les descriptions de *Willdenow* et de *Poiret*, d'après *Thunberg*, lui donnent des fleurs blanches; nous ne le connaissons qu'à fleurs roses. On est plus sûr de sa floraison en le greffant et le plaçant en espalier; mais il ne supporte pas bien encore notre climat inconstant, et les alternatives de gelée et de dégel le font périr.

On l'a greffé dernièrement avec succès sur le *damascena* et le bengale commun, et l'on s'est assuré qu'alors il donnait plus de fleurs et résistait davantage aux rigueurs de l'hiver.

On remarque dans les nombreux bouquets

quelques fleurs blanches parmi les roses,ce qui ne suffirait pas pour établir une variété, mais qui justifierait au moins la description de *Thunberg*.

XXXI. 84. *Rosa parvifolia*, *W*. — *Rosa germinibus ovatis subglabris, pedunculis glandulosis, petiolis cauleque tenuissime aculeatis, foliolis rugosis subtus villosiusculis ovatis, glanduloso-serratis, W.*, p. 1078, sp. 33. —*Idem*, *Pers.*, *Syn.*, 41. — *Rosa centifolia*, var. *E. burgundiaca*, *Poir.*, *Enc.*, 2. — *Idem*, var. *B. burgundiaca*, *Bot. cult.*, 17. — *Rosa parvifolia*. — Le rosier pompon, le petit pompon, *Bosc*, *Dict. d'Agr.* — *Idem*, *Mart.*, 34.

85. — *Idem*, variété à fleurs doubles, le pompon de Paris, *Lawr.*, tab. 14.

86. — *Idem*, variété incarnate.

87. — *Idem*, variété à grandes fleurs, var. *Q.*, *Mart.*, *Dict.* — *Lisbon rose*, *Lawr.*, tab. 67.

Ce rosier est trop connu pour en donner la description. C'est lui que nos jardiniers fleuristes de Paris étalent au marché dès les premiers jours du printemps. Il est très-commun sur les montagnes de Bour-

gogne, et il a été décrit par *Durande*.
Lorsqu'il est en pot il faut le mettre en pleine
terre, après sa floraison, pour le conserver. Il ne fait pas une aussi belle tête que
le rosier de Champagne lorsqu'il est greffé
sur tige. Je cultive la variété 86, dont les
fleurs sont d'un rouge foncé dans le centre,
et aussi le n°. 87, dont les fleurs sont
plus grandes et d'une couleur plus vive
que dans les précédentes. On trouve chez
M. *Noisette* le pompon blanc que je
place à l'*art. tomentosa*, et chez M. *Kennedy*, à Londres, le pompon blanc mousseux, qui n'est peut-être que le *mossy
double sweet briar* du *Pr. Martyn*.

XXXII. 88. *Rosa centifolia*, L. — *Rosa germinibus ovatis, pedunculisque hispidis, caule hispido-aculeato, petiolis
inermibus*, Murr., *Syst. veg.*, 12,
p. 474. — *W.*, 1071, *sp.* 16. — *Pers.*,
Syn., 19. — Rosier à cent feuilles, *Poir.*,
Enc., 2. — Rose de Hollande, *Bot. cult.*,
17. — Rosier à cent feuilles, *Bosc, Dict.
d'Agr.* — *Idem, Mart., Dict., sp.* 15.
— Angl., *dutch hundred leaved rose*.
— Allem., *gusten rose*.

C'est la rose par excellence. C'est celle que

les poëtes ont tant célébrée ; c'est elle encore que l'on admire dans les charmans tableaux de *van Huysum*, de *Spaendonck* et de leurs imitateurs. On ignore son pays natal , cependant M. *Rau* l'a trouvée dans les parties septentrionales de la Perse. Il paraît qu'elle était anciennement cultivée en Hollande , puisque *Clusius, Hist.* 1, p. 114, la cite sous le nom de *rosa centifolia batavica.* Ce rosier a produit par la culture presque autant de variétés que celui de Provins ; mais les botanistes modernes n'ont cité que les plus saillantes. Je m'étendrai d'autant plus à ce sujet que cet ouvrage est également consacré aux amateurs des jardins. On a remarqué que les variétés greffées sur églantier ne subsistaient que peu d'années , et que les têtes prenaient une forme désagréable ; il vaut donc mieux les élever francs de pied ; cet usage, prévalant sur la mode, s'appliquera peut-être un jour aux autres espèces.

Si ce n'était l'habitude , on devrait dire en termes techniques : *rosa centipetala* , au lieu de *centifolia* , ce qui n'est pas exact ; on dit bien *statice monopetala, magnolia tripetala.*

Le rosier à cent feuilles fleurit à la fin de juin ; quelques variétés sont plus tardives, nous les ferons observer en les citant. *Linné* dit que la fleur est comme faite au tour ; ce caractère est plus prononcé dans cette espèce que dans les autres.

Variétés du Rosa centifolia.

PREMIÈRE VARIÉTÉ.

89. — *Rosa hollandica-centifolia*, var. 3, *Pers.*, *Syn.*, 19. — Rose de Hollande, *Bosc*, *Dict.*, var. *A*. — Grosse rose à cent feuilles, *Lawr.*, tab. 11. — *Idem*, var. 1, *Bot. cult.* — *Redouté*, roses.

— Sous-variété, *A*. — Rose gauffrée, pép. de *Noisette*.

Fleurs grandes, odorantes et très-doubles, réunies de trois à cinq ; tiges rameuses et diffuses, hérissées d'aiguillons. Feuilles composées de cinq folioles assez grandes, ordinairement rougeâtres en leurs bords. C'est probablement la véritable rose des peintres, quoique plusieurs pépiniéristes donnent ce nom à d'autres variétés.

Dans la sous-variété A, les fleurs sont très-doubles et globuleuses, les pétales comme froissés et imprimés, caractère qui se

perpétue. Dans une seconde variété B ,
appelée chez *Noisette* cent feuilles de
Nancy, la fleur semble comprimée et
forme une ellipse très-marquée; cette rose
est d'une moyenne grandeur.

2ᵉ. VARIÉTÉ.

90. *Rosa centifolia simplex.* — Rosier cent
feuilles à fleurs simples, pép. de *Noisette.*
— *Redouté* , roses.

Fleurs larges , d'un rose vif ; feuilles d'un
vert plus tendre que dans l'espèce commune ; il est rarement tout-à-fait simple ,
et ne se trouve que dans quelques pépinières.

3ᵉ. VARIÉTÉ.

91. — *Rosa centifolia semi plena.* — Rose
des peintres , catal. de Trianon. — Rose
de *Souchet.*

Fleurs grandes, d'un rose vif, trois à quatre
sur le même corymbe; pédoncules érigés;
moins double que la cent-feuilles de Hollande, mais à larges pétales bien colorés.
Feuilles non rougeâtres en leurs bases ,
grandes, fermes , pâles en-dessous.

4ᵉ. VARIÉTÉ.

92. — *Rosa centifolia carnea.* — Rose carnée, *Bosc*, *Dict. d'Agr.* — Rose couleur de chair, *Mart. Dict.*, var. B. *Lawr.*, tab. 40.

— Sous-variété A, plus pâle, rose *Vilmorin.* Tiges plus hérissées que dans les premières. Feuilles d'un vert plus clair et un peu cotonneuses en-dessous. Les fleurs ne sont pas si grandes que celles du *rosa hollandica.* La sous-variété A est plus répandue. J'ai observé la rose carnée dans le jardin de M. *de Verdun,* au grand Montreuil.

5ᵉ. VARIÉTÉ.

93. — *Rosa centifolia,* var. *mutabilis,* *Pers.,* *Syn.,* 19. — *Idem,* var. 4, *Bot. cult.* — Rose unique blanche.

— Sous-variété A, à fleurs roses; pépinières de *Noisette* et *Godefroy.*

On a donné le nom de *mutabilis* à ce rosier, parce que les pétales extérieurs sont d'un rouge vif, et les intérieurs d'un blanc parfait; mais on cultive depuis long-temps une sous-variété à fleurs entièrement roses ; ainsi l'épithète de *mutabilis* ne convient qu'à la variété blanche, qui, dans le fait, est la plus belle. Il serait possible que le rosier *unique rose* tînt de plus près à l'espèce primitive du *centifolia*. M. *Bosc* considère le rosier unique comme un hybride du *centifolia* et de l'*alba ;* mais je lui trouve de si grands rapports avec la première de ces espèces, que je n'ai pas balancé à en faire une de ses variétés.

Greenwood, ancien pépiniériste à Kensington, a trouvé dans le jardin d'une ferme le rosier unique, qui y était cultivé depuis long-temps.

6e. VARIÉTÉ.

94. — *Rosa centifolia multifolia.* — Rosier multiflore, *Bot. cult.*, 19. — *Idem, Bosc, Dict. d'Agr.* — La petite hollandaise hâtive des jardins.

Je cultive le rosier multiflore de M. *Dumont de Courset*, et je pense comme lui que ce rosier, très-remarquable par ses fleurs nombreuses et d'un rose foncé, est un hybride provenant du *centifolia* et du *gallica,* mais tenant plus du premier que du second ; je l'ai classé dans le nombre de ses variétés. J'ajouterai qu'en en faisant une espèce distincte, il y aurait parité de nom avec le *rosa multiflora* de *Thunberg;* cette variété fleurit un mois plus tôt que celle de Hollande. Ses rameaux sont plus feuillés et ses fleurs d'une dimension moyenne, mais très-doubles.

7ᵉ. VARIÉTÉ.

95. — *Rosa centifolia muscosa.* — *Rosa muscosa ,* *W.,* 1074, *sp.* 22. — *Pers., Syn.,* 30. — Rosier mousseux, *Poir., Enc.,* 12. — Rosier mousseux de Provence, *Mart., Dict. ,* 17. — *Lawr.,* tab. 14. — Angl., *moss provence rose.* — Allem., *moos rose.* — *Redouté ,* collection.

— Sous-variété A, Rosier mousseux à fleurs simples, pép. de *Noisette.* — *Redouté ,* collection.

Je n'ai pas craint, non plus que M. *Bosc ,* de faire une variété de ce charmant rosier, quoique les auteurs allemands le considèrent comme espèce. *Poiret* le croit un hybride du *centifolia ,* et *Willdenow* du *provincialis.* Les fleurs sont plus belles, et leur enveloppe plus chargée de glandes mousseuses lorsque le sujet est franc de pied.

8ᵉ. VARIÉTÉ.

96. — *Rosa centifolia muscosa alba.* — Rosier mousseux à fleurs blanches, *Parmentier,* catalogue.

Les feuilles glauques, peu dentées, fermes et un peu arrondies de ce rosier, m'ont porté à le classer comme variété. Les individus francs de pied que j'ai vus, végètent avec peine ; mais ses greffes végètent avec vigueur. Ce rosier est moins mousseux que le précédent, mais il en obtient autant lorsqu'on le greffe sur le rosier mousseux franc de pied, comme je l'ai observé chez M. *Godefroy.*

9ᵉ. VARIÉTÉ.

97. — *Rosa centifolia foliacea, Parment.,* catal. — *Rosa hollandia,* pép. de Lille. — Rose prolifère, rose foliée, *Bosc,* Dict. d'Agr.

Cette variété est fort singulière. Feuillage du cent feuilles de Hollande, mais chaque rameau ne porte qu'une fleur à son ex-

trémité. Les divisions calicinales se pro-
longent en autant de feuilles profondément
incisées. Ces rameaux sont quelquefois tri-
phylles ou monophylles à leur extrémité.
De plus, chaque fleur est plus ou moins
privée d'ovaires, mais de son centre
s'élève un autre bouton qui fleurit quelquefois. On remarque sur le second pédoncule deux ou trois rudimens de pétales.
Cultivé dans un sol riche, ce rosier produit
des fleurs plus grandes et non prolifères;
mais comme ce caractère n'est pas constant,
je ne crois pas devoir en tirer une sous-
variété que l'on appelle à Lille *hollandia
major.*

10e. VARIÉTÉ.

98. — *Rosa centifolia prolifera*, N. — La
variable, la mère gigogne des pépinières,
à Trianon.

Quoique plusieurs jardiniers fassent de cette
variété un hybride du *provincialis* et du
gallica, je le considère comme un *centifolia* très-altéré. Ses fleurs sont plus sin-
gulières qu'agréables; elles renferment,
au lieu d'étamines, de neuf à douze boutons

5 *

glomérulés et qui ne s'épanouissent jamais.
Cette plante végète fortement.

11e. VARIÉTÉ.

99. — *Rosa centifolia cariophyllata.* — *R.
centifolia*, var. 2, *Pers.*, *Syn.*, 19. —
Rosa unguiculata, Dupont. — La rose
œillet, *Bosc, Dict. d'Agr.*
— Sous-variété A', rose sans pétales, *Bosc ,
Idem.* Malmaison.

C'est encore une monstruosité; mais la fleur,
qui représente assez bien un œillet double,
est agréable, tant pour sa forme que
pour sa couleur. Je n'en dirai pas autant
de la rose sans pétales que j'ai vue à Malmaison, et qui ne produit aucun effet.

12e. VARIÉTÉ.

100. — *Rosa centifolia bipinnata.* — *Rosa
centifolia*, var. 3, *Pers.*, *Syn.*, 1. —
Rose à feuilles de céleri, *Bosc , Dict.
d'Agr.* — *Rosa bipinnata , Bot. cult.,*
34. — *Idem ,* var. E , *Poir., Enc.,* 2.
Elle mérite d'être cultivée à cause de son
feuillage, qui est singulier; car ses fleurs
deviennent rarement d'une grosseur remarquable.

13e. VARIÉTÉ.

101. — *Rosa centifolia bullata*, *Bosc*, *Dict. d'Agr.* — Rose à feuilles de laitue, *Dupont*. — *Redouté*, collect. — *Rosa centifolia*, var. D, *Poir.*, *Enc.*, 2.

Il n'en est pas de même de celle-ci ; elle porte des fleurs grandes, doubles, comme celles de la variété *hollandica*. Ses feuilles sont ondulées, contournées et d'une ampleur remarquable.

14e. VARIÉTÉ.

102. — *Rosa centifolia crenata*. — Rose crénelée, *Bosc*, *Dict. d'Agr.*

Le mérite de cette plante se trouve dans ses feuilles, et, comme le dit M. *Bosc*, il n'y a pas de botaniste qui n'en fît une espèce. Ce rosier fleurit rarement, et n'est pas encore bien connu.

15e. VARIÉTÉ.

103. — *Rosa centifolia illicifolia*, N. — Rosier à feuilles de chêne vert. — *Rosa quercifolia* des pépiniéristes.

Ce rosier, que j'ai observé chez *Godefroy*, porte des fleurs moyennes, doubles, de couleur rose ; ses féuilles ressemblent beaucoup à celles du *quercus ilex;* il mérite une place dans les collections.

16e. VARIÉTÉ.

104. — *Rosa centifolia burdigalensis.* — *Rosa centifolia minor.* — Rosier de Bordeaux. — Le gros pompon. — Rose de Bourgogne à grandes fleurs, *Bosc, Dict. d'Agr.* — *Great dwarf rose, Mart., Dict.* — *Lawr.*, tab. 31.

— Sous-variété A, la kingston, pépinière *Godefroy.*

Le rosier de Bordeaux est cultivé dans la plupart de nos jardins, sous le nom de gros pompon ; j'en ai vu une superbe touffe dans celui de M. *Cels*, au Petit Mont-rouge. Les fleuristes de Paris le font fleurir dès le printemps, ainsi que le petit pompon.

La sous-variété dite kingston en diffère par la petitesse de ses fleurs, qui ressemblent beaucoup à celles du petit pompon de Bourgogne.

Un rosier que j'ai observé à Trianon, ne diffère de celui de Bordeaux que par des fleurs d'un rose plus foncé.

17e. VARIÉTÉ.

105. — *Rosa centifolia belgica.* — Rosier à cent feuilles de Belgique, *N.* — *Rosa centifolia,* var. D, *belgica, Poir., Enc.,* 2, pép. *Godefroy.*

Cette variété, que je cultive et qui est en tout semblable à la plante citée par *Poiret,* n'a aucun rapport avec le *rosa belgica* de M. *Dumont de Courset,* ni avec celui de M. *Bosc,* dont je parlerai plus bas. Ses fleurs sont réunies de trois à quatre, globuleuses, très-doubles, d'une forme plus allongée que la rose de Hollande, d'une couleur très-vive dans l'intérieur. Ses feuilles sont grandes, fermes, un peu ondulées, mais point rougeâtres sur leurs bords.

18e. VARIÉTÉ.

106. — *Rosa centifolia belgica, flore albo-violaceo,* *N.* — Rose cent feuilles blanche-violacées, *N.,* pép. de Trianon.

Tige forte, peu garnie d'aiguillons courts. Feuilles composées de cinq folioles épaisses, dentées, pointues, d'un vert un peu terne, blanchâtres en - dessous. Fleurs blanches, de trois à quatre ensemble, grosses, et si doubles, qu'elles ne peuvent parvenir à leur complet épanouissement ; l'intérieur est lavé d'une charmante teinte violette. Fruits ovales, couverts, ainsi que les pédoncules, de glandes pédicellées; divisions calicinales du *centifolia*. Cette plante, quoiqu'elle ait beaucoup de rapports avec le *belgica*, peut être classée comme variété distincte. C'est une des plus belles que je connaisse.

19ᵉ. VARIÉTÉ.

107. — *Rosa centifolia anemonæ flora*. — Rose cent feuilles anémone, pépinière *Noisette.*

— Sous-variété A, la coquette, pépinière de Trianon.

Dans ce rosier, les pétales extérieurs sont étroits, presque linéaires, roulés en-dedans; les cinq pétales extérieurs larges et d'un rouge moins foncé que dans celui de Hollande. Cette plante est très-recherchée des amateurs ; sa sous-variété A n'en diffère qu'en ce qu'elle est privée des pétales extérieurs ; elle ressemble à la rose chiffonne, qui est un bengale.

108. — *Rosa centifolia incarnata.* — La constance, *N., Bon Jardinier,* 1816.

J'ai donné ce nom à une belle variété venue de Hollande, et dont j'ai retrouvé depuis un individu à Trianon. C'est évidemment un *centifolia* hybride du *gallica.* Fleurs très-grandes, doubles, blanches, légèrement carnées; pétales intérieurs lavés d'un rose tendre. Ainsi que le belgique, ce rosier fleurit tard; il mérite d'être multiplié. Je bornerai à ces vingt variétés ce que l'on peut avoir de plus sûr parmi celles que la culture et les semis ont fait obtenir.

XXXIII. 109. *Rosa damascena, W., sp. pl,* 1072, *sp.* 17. — *Rosa calycibus semipinnatis, germinibus ovatis turgidis, pedunculisque hispidis, caule petiolisque aculeatis, foliolis ovatis acuminatis, subtus villosis, Duroi, Harbk,* 2, p. 369. — *Rosa alba,* var. γ. *damascena, Poir., Enc.,* 24. — *Rosa damascena, Ait, Kew.,* 2, p. 205. — *Rosa gallica,* var. γ. *belgica, Pers., Syn.,* 21. — Rose de Damas, *Mart., Dict.,* 17.

— *Lawr.*, *tab.* 38. — Vulgairement, rosier des quatre saisons, rosier de mois. — Angl., *damask rose.* — Allem., *damascener rose.*

Linné confondait le *damascena* avec le *centifolia.* Ses successeurs ont séparé avec raison ces deux espèces ; la forme des fleurs, celle des fruits, la disposition des feuilles, commandaient cette distinction. Quelques auteurs ont ensuite réuni sous la même dénomination les *rosa damascena* et *bifera*. M. *Poiret* les a séparés avec raison ; mais il en a fait deux variétés, l'une du *centifolia* et l'autre de l'*alba*. Cependant il est facile de se convaincre, après une observation exacte des individus, que les deux rosiers sont des espèces distinctes. Le *rosa damascena* offre un buisson touffu, des rameaux et pétioles garnis d'aiguillons, des feuilles ovales, aiguës, dentées et tomenteuses en-dessous, des fleurs terminales, rassemblées tantôt en petit nombre, tantôt en bouquets composés de dix à douze fleurs moyennes, portées sur de longs pédoncules, hispides, écartés les uns des autres. Les ovaires sont ovales, renflés,

les divisions calicinales demi-pennées.
Tels sont les caractères distinctifs du
rosa damascena.

Variétés du Rosa damascena.

PREMIÈRE VARIÉTÉ.

110. — *Rosa damascena versicolor.* — *R.
variegata.* — Rose d'Yorck et Lancastre, *Mill.*, *Dict.*, var. C, fig. 148,
p. 221, F. 2. — *Lawr.*, tab. 10.
— Sous-variété A, la félicité, pép. *Noisette*
et *Godefroy*.

Les fleurs de ce rosier ont quelque analogie
avec la variété du *rosa gallica* que nous
avons décrite sous le nom de *versicolor*;
mais les couleurs de ce dernier sont plus
vives et les traces de couleur rose plus également répandues. Cette variété de *damascena* est anciennement connue, car elle est citée dans la première édition du Dictionnaire
de *Miller*. Cette plante n'est recomman-
dable que pour les collections. Sa sous-variété A, la félicité, doit être préférée, quoiqu'elle soit rentrée en couleur, en 1817, ses
fleurs moyennes sont agréablement nuancées d'incarnat et de rose. Elles étaient,
cette année, dépourvues de ce mélange

qui la distinguait des autres variétés et l'avait mise en vogue.

2ᵉ. VARIÉTÉ.

111. — *Rosa damascena carnea.* — Rosier de Damas couleur de chair, *Mart.*, *Dict.*, var. B, *Lawr.*, tab. 52. — La gracieuse. — Cent feuilles de Chatenay, pép. de Trianon.

Fleurs doubles, carnées, les plus grandes de l'espèce ; la gracieuse est plus forte en couleur. Cette variété, que je cultive, n'est pas encore bien connue ; elle mérite à tous égards le choix des amateurs.

3ᵉ. VARIÉTÉ.

112. — *Rosa damascena perpetua*, pép. de *Godefroy.* — *Rosa damascena*, var. D. — Rose de tous les mois, *Mart.*, *Dict.*, 27. — *Lawr.*, tab. 5. — *Rosa italica*, *Ferrari.*

Si l'un des caractères du type originaire du rosier de Damas est de fleurir tous les mois, il se retrouverait dans cette variété, assez rare dans nos jardins ; les autres ne fleurissent guère qu'au printemps et en automne. Mais le rosier dont nous croyons

que dérivent les variétés connues du *damascena*, est celui que l'on cultive en
abondance autour du mont Valérien, et
dont nos parfumeurs se servent pour leurs
pommades à la rose. — Les fleurs du *rosa
perpetua* sont moyennes, très-doubles,
d'un rose clair, deux à trois à l'extrémité
des rameaux ; les folioles sont plus larges
que dans les autres variétés.

4e. VARIÉTÉ.

113. — *Rosa damascena mutabilis.* — Rose
de *Cels.* — La belle couronnée, Trianon,
pép. de *Cels* et autres.

C'est une variété très-remarquable en ce que
ses rameaux portent des fleurs blanches et
des fleurs roses sur le même corymbe ;
elle s'est répandue de la pépinière de
M. *Cels* dans les autres jardins. C'est
une bonne acquisition pour les amateurs. Il ne faut pas la confondre avec la
rose cocarde, qui est un *alba.*

5e. VARIÉTÉ.

114. — *Rosa damascena multiflora.* — Rosier à bouquets, pép. Trianon. — Rosier

de Damas rouge, *Mart., Dict.,* var. A,
Lawr., tab. 38.

— Sous-variété A, rosier de Damas argenté.
— Rose blanche des mois , *Mart., Dict.,*
var E, *Lawr.,* tab. 17. — *Rosa elon-*
gata , Noisette.

— Sous-variété B, *rosa damascena alba.* —
La fausse unique. — *Lawr.,* tab. 23.

— Sous-variété C, *Rosa damascena carnea.*
Rose à bouquets couleur de chair, à Malmaison.

Ce rosier, que j'ai vu à Trianon et dans
quelques pépinières, produit un merveil-
leux effet par ses corymbes, composés de
six à douze fleurs doubles, moyennes,
roses, portées sur de longs pédoncules
écartés, qui couvrent cet arbrisseau de
bouquets nombreux. — La sous-variété
A, que l'on appelle aussi le quatre saisons argenté, est plus commune; ses fleurs
sont moyennes , blanches et lavées de
rose dans le milieu ; les folioles sont glauques et blanchâtres en-dessous. — La
sous-variété B est à fleurs blanches et a
été long-temps confondue avec les variétés
de l'*alba ;* elle est aussi très-répandue
dans les jardins. — La sous-variété C ,

que j'ai observée à Malmaison, dans le jardin fleuriste, est peut-être le rosier désigné par Mademoiselle *Lawrence* sous le nom de rose impériale carnée, tab. 90.

6e. VARIÉTÉ.

115. — *Rosa damascena portlandica bifera.* — Rose de Portland.

— Sous-variété A, à fleurs semi-doubles; *Hort.*

J'ai placé cette variété la dernière de l'espèce, parce qu'elle fait comme le chaînon intermédiaire des *rosa damascena* et *bifera*. En effet, ses pédoncules sont très-courts, de manière que les trois ou quatre fleurs qui composent chaque corymbe, sont agglomérées comme dans le dernier ; mais les ovaires sont renflés (*turgida*) comme dans le premier. Ses fleurs sont simples, semi-doubles et d'une couleur pourpre très-brillante ; les folioles d'un vert tendre, plus arrondies que celles du *damascena*. Cet arbuste fleurit pendant quatre mois de l'année : juin, juillet, septembre, octobre.

XXXIV. 116. *Rosa bifera, Pers., Syn.,* 20.

— *Rosa germinibus ovatis oblongis utrinque attenuatis , pedunculisque hispidis , caule aculeato , floribus corymbosis strictis; Rossig.*, t. 8.— *Rosa centifolia* , var. 3, *bifera , Poir., Enc.,* 2. — Rosier de tous les mois. — *Rosa belgica , Bot. cult.,* 21. — Rosier de Belgique, *Bosc , Dict. d'Agr.*

PREMIÈRE VARIÉTÉ.

117. — *Rosa bifera* , var. *flore albo.* — Grande rose royale, *Mart., Dict.,* 17.— *Lawr.,* tab. 58. — *Rosa gallica alba* des jardiniers.

Quoique ce rosier ait beaucoup de rapports avec le précédent , j'ai cru devoir l'en séparer, et M. *Bosc* partage cette décision. Elle est justifiée par une rigoureuse observation ; ce n'est point un *centifolia ,* et il diffère du *damascena* par les caractères suivans : ses rameaux sont moins touffus , moins tortueux et plus hérissés d'aiguillons; ses folioles sont ovales , un peu arrondies à leur extrémité, et plus fortement dentées ; ses rameaux sont terminés par un corymbe de trois à six feuilles érigées et presque agglomérées ; les ovaires sont allongés, sans aucun rétrécissement vers le calice, et leur base se confond avec le pédoncule, qui est court et couvert d'aiguillons. Je crois que ces différences suffisent pour lever toute incertitude sur les deux espèces.

Je n'ai jamais vu ce rosier à fleurs simples ; il fleurit avant le *damascena*, et refleurit en septembre.

Je cultive depuis long-temps sa variété à fleurs blanches. J'en possède un individu qui s'élève au moins à 15 pieds. Il faut lui donner un bon tuteur, ou mieux encore le placer contre un mur.

XXXV. 118. *Rosa alba*, L. — *R. germinibus ovatis glabris ,. pedunculis hispidis , caule petiolisque aculeatis , Murr., Syst. veg.*, 20, p. 474. — *Idem , W.*, 1080, *sp.* 39. — *Idem , Pers., Syn.*, 23. — Rosier à fleurs blanches, *Poir., Enc.*, 22. — Rosier blanc, *Bot. cult.*, 30 — *Idem , Bosc , Dict. d'Agr.* — *Rosa alba , Mart., Dict.*, 40. — Rose blanche simple, *Lawr.*, tab. 37. — Angl., *white rose*. — Allem., *Weisse rose*.

C'est l'ancienne rose royale dont il s'agit, c'est le *rosa sativa* de Dodoneus. Ce ro-

sier, très-commun dans nos jardins, pousse
vigoureusement, et tous les terrains lui
conviennent. M. *Dumont de Courset*
remarque cependant que ses fleurs rede-
viennent simples dans un sol trop aride.
Elles sont nombreuses, s'épanouissent de
bonne heure, mais ne durent pas long-
temps.

PREMIÈRE VARIÉTÉ.

119. — *Rosa alba flore pleno.* — Rosier
blanc à fleurs doubles. — *Rosa alba*,
var. 2, *Bot. cult.*, 23. — La royale. —
Rose blanche double, *Mart.*, *Dict.*, var.
B. — *Lawr.*, tab. 25.

Cette variété est très-commune dans les jardins, où elle figure très-bien sur le devant
des bosquets; il vaut mieux la cultiver
franche de pied, à cause de ses larges
touffes, et j'en dirais autant de la plupart
des autres. Le caractère que donne *Linné*
au *Rosa alba* (*germinibus glabris*), n'est
pas très-exact; car dans cette variété et la
suivante les ovaires sont hispides ainsi
que les pédoncules.

2e. VARIÉTÉ.

120.—*Rosa alba incarnata. Pers., Syn.* 23,

var. B. — *Rosa alba regia*, var. 3,
Bot., *cult.*, 23. — *Idem, Bosc, Dict.
d'Agr.* — *Rosa alba*, var. D. *Mart.*,
Dict. — Grande cuisse de nymphe. —
Lawr., tab. 32.

— Sous-variété, le duc d'Yorck, pépinière
de Lille.

Je pense, ainsi que M. *Persoon*, que sa
variété B et la troisième variété du *rosa
alba* de *Dumont de Courset* sont la
même plante. Celle-ci fleurit plus tard que
la précédente, mais ses fleurs se succèdent
plus long-temps; elles sont légèrement
lavées de rose dans le cœur, avant le parfait épanouissement. La sous-variété le
duc d'Yorck a les fleurs plus grandes,
plus décidément carnées. J'en ai observé
une belle tige chez M. *Imbert*, à Pierre-
fitte.

3e. VARIÉTÉ.

121. — *Rosa alba regia carnea*, var. 4,
Bot. cult., 23. — La petite cuisse de
nymphe, *Mart.*, *Dict.*, var. C. — *Lawr.*,
tab. 32. — Rose belgique de quelques
jardiniers.

On cultive depuis long-temps ce rosier sous

le nom de petite cuisse de nymphe. Ses fleurs carnées, moyennes, régulières, conservent leur couleur dans l'épanouissement, et paraissent dès le commencement de juin. J'en ai observé un buisson très-fort dans l'ancien jardin de M. *de Cubières*, à Versailles.

4e. VARIÉTÉ.

122. — *Rosa alba mutabilis*, N. —Vulgairement la cocarde, jardin fleuriste du Roi, à Sèvres.

On a confondu ce rosier avec celui de *Cels*, que l'on appelle la belle couronnée; mais leurs caractères spécifiques doivent les distinguer facilement. Celui-ci est au rosier blanc ce que le rosier unique est au cent feuilles; les boutons sont roses, et il résulte des fleurs blanches et quelques-unes carnées dans l'épanouissement. Les fleurs sont grandes et semi-doubles ; elles produisent de l'effet. Cette variété n'est pas commune.

5e. VARIÉTÉ.

123. — *Rosa alba nova celestis.* — Rose céleste, catal. de *Cels* et *Godefroy*.

Cette variété commence à se répandre dans les jardins. Elle se fait remarquer par des fleurs très-doubles, d'une blancheur éclatante, comme celles du rosier unique. Les autres parties de la plante ont tous les caractères du *rosa alba*. La teinte bleuâtre que l'on a cru remarquer tient à la finesse et à la transparençe des pétales.

6e. VARIÉTÉ.

124. — *Rosa alba purpurascens*, *N.* — La belle aurore.—*Rosa centifolia, varietas, Bosc, Dict. d'Agr.* — La belle aurore, dans tous les catalogues de pépinières.

C'est bien une variété de l'*alba*. Ses fleurs sont assez grandes, presque doubles, régulières ; les pétales sont teints de cette couleur purpurine que l'on observe au lever du soleil ; elle tire un peu sur le jaune. Cette nuance est si parfaite, qu'elle justifie le nom d'aurore, que l'on a donné à ce rosier. Il est digne d'exercer le talent de *Redouté*.

7e. VARIÉTÉ.

125. — *Rosa alba incarnata*, *N.* — Elisa, catal. de *Godefroy* et autres.

(86)

Ce rosier a bien quelques rapports avec le précédent, mais il en diffère par la forme et la nuance de ses fleurs ; elles sont semi-doubles, leurs larges pétales sont teints de rose vers l'onglet , et cette couleur s'éteint insensiblement vers le limbe. Il mérite d'être multiplié dans nos jardins.

8e. VARIÉTÉ.

126. — *Rosa alba virens*, N. — La rose à cœur vert, pép. *Noisette* , etc.

Il y a long-temps que ce rosier est cultivé dans les pépinières, mais il n'est pas relaté dans les collections imprimées. Les tiges sont inermes, les pétioles et pédoncules armés d'aiguillons courts, les fleurs moyennes, doubles, d'un blanc verdâtre, mais d'un vert décidé vers le centre. C'est probablement cette plante qui a fait dire qu'il y avait des roses vertes greffées sur le houx, ce qu'aucun pépiniériste connu n'a vérifié.

9e. VARIÉTÉ.

127. — *Rosa alba parvifolia* , N. — *Rosa sanguisorbæ folia*, pép. *Noisette*. — Rosier à feuilles de pimprenelle.

Le nom de ce rosier ne me paraît pas exact; il conviendrait mieux au *cannabina*. Je ne sais si la plante de M. *Parmentier* est la même, mais voici les caractères du rosier de M. *Noisette*.

Tige verte, parsemée d'aiguillons faibles et presque droits; feuilles composées de sept folioles ovales, petites, assez fortement dentées, d'un vert terne en-dessus, plus pâles en-dessous; pétioles pourvus d'aiguillons; fleurs blanches, semi-doubles, moyennes, deux à trois à l'extrémité des rameaux; divisions calicinales allongées, mais simples; ovaires non étranglés au sommet, hispides, ainsi que les pédoncules qui sont également couverts de courts aiguillons. C'est une variété très-remarquable, et qui n'avait pas encore été décrite.

Je ne connais pas le *rosa persicifolia* trouvé par M. *le Pelletier* et publié par M. *Féburier*, dans l'*Almanach du Bon jardinier*, 1816.

XXXVI. 128. *Rosa evratina, Bosc, Dict. d'Agr.*, p. 256. — Rosier évratin.

On ignore la patrie de ce rosier, que M. *Bosc* a dédié à M. *Évrat*, amateur. Ses caractères, suffisamment décrits dans le *Dictionnaire d'Agriculture*, le font aisément distinguer de l'*alba*; il devient très-fort, comme on peut en juger d'après l'individu qui se voit chez M. *Féburier*, à Versailles.

PREMIÈRE VARIÉTÉ.

129. — *Rosa evratina flore pleno.* — Rosier évratin à fleurs doubles, Trianon.

Il se trouve également dans quelques pépinières. On l'avait reçu de Hollande sous le nom de *rose muscade rouge double*, et je l'avais observé à Lille, dans la collection de M. *Cardon*, sous le nom de *rosa cynorrhodon.* Cette charmante variété mérite d'être plus connue qu'elle ne l'est encore. M. *Bosc* observe que l'espèce simple peut remplacer l'églantier comme tige à greffer.

Nota. C'est en vain que j'ai cherché à Malmaison le rosier digitaire de *Bosc*, *Dict. d'Agr.*, p. 256. Celui que *Noisette* cultive en approche un peu; mais les fruits ne sont pas brusquement arrondis à leur base et s'élargissent trop à leur partie supérieure. En général, le caractère de la forme du fruit est trop vague dans le rosier pour constituer des espèces ; il ne peut servir que dans l'établissement des divisions.

XXXVII. 13o. *Rosa lævigata, Michaux.* — *R. glaberrima aculeis subgeminis, foliolis 3-5 , subenerviis stipularibus angustis subulato-mucronatis, calyx ovato-hispidissimo, laciniis integris, Mich, Fl. bor.*, 1, p. 266. — *Idem , Pers., Syn. ,* 22.

J'ai vérifié ce rosier dans l'herbier de *Michaux* , car on ne le possède pas autrement ; mais les exemplaires sont si petits et si maltraités, qu'il est difficile d'y reconnaître les caractères spécifiques. La variété γ de *Persoon* n'appartient-elle pas au *rosa alba ?*

XXXVIII. 13 1 *Rosa sempervirens , L.* — *R. germinibus ovatis, calycibus pedunculisque hispidis, caule petiolisque aculeatis, floribus subumbellatis , bracteis lanceolatis reflexis, Ait., Kew., 2 , p.* 2o5. — *Idem , W., sp.* 18, *p.* 1o72. *Idem, Pers., Syn ,* 24. — *Bot. cult.,* 22. — *Rosa scandens, Mill., Dict.,* n°. 8. — Rosier toujours vert, *Poir.,*

Enc., 26, — *Idem, Mart., Dict.*, 18.—
Lawr., tab. 45.—Angl., *evergreen rose.*
— Allem., *immergrüne rose.*

Ce rosier, qui conserve ses feuilles toute
l'année, serait très-propre à couvrir des
berceaux ou des cabanes dans nos jardins
paysagers ; mais il est sensible à la gelée.
Il pousse cependant en pleine terre lorsqu'il est greffé, comme on peut le voir à
Trianon, et, employé de cette manière,
il remplacerait avec avantage le rosier
des champs. Comme dans ce dernier, la
fleur du rosier toujours vert est blanche,
simple, assez grande ; elle paraît en
juillet.

XXXIX. 132. *Rosa pumila, W.* — *Rosa germinibus ovatis pedunculisque hispidis,
petiolis cauleque aculeato, foliis subtus glaucis, serratulis glandulosis,
fructibus pyriformibus, Ait., Kew.*, 2.
p. 206. — *Idem, W., sp.* 19, p. 1072.
Idem, Pers., Syn., 25.— *Rosa gallica,*
var. D, *pumila, Poir., Enc.*, 3.—Rosier
nain. — *Bot. cult.*, 24. — Rosier nain
d'Autriche, *Mart., Dict.*, 19.

133. — *Rosa balearica, Pers., Syn.*, 26. —

Idem, rosier de Mahon , *Bot. cult.,* 3 ;
p. 352.

Les tiges , pétioles et pédoncules de ce rosier sont hispides et couverts d'aiguillons ;
les feuilles petites , ovales , glauques en-
dessous et finement dentées ; fleurs presque solitaires , auxquelles succèdent des
fruits ovales. J'ai cru devoir classer le
rosa balearica de *Persoon* comme
variété du *pumila.* Il est peu connu , et
Persoon n'en avait pas vu les fleurs. Ces
rosiers ne sont que de collection.

XL. 134. *Rosa moschata, L.* — *Rosa germinibus ovatis , pedunculisque villosis ,
caule petiolisque aculeatis , foliolis
oblongis acuminatis glabris, paniculis
multifloris , Ait. , Kew.,* 2 , p. 207. —
Idem , Willd., Arb. 819, *sp. pl.* 23 ,
p. 1074. — *Idem, Pers., Syn.,* 31. —
Rose muscade, *Bot. cult.,* 27. — Rose
musquée, *Poir., Enc.,* 23. — Rosier
muscade , *Bosc, Dict. d'Agr.* — Rose
musquée simple , *Mart. , Dict.,* 23. —
Lawr., tab. 64. — Angl., *single musk
rose.* — Allem., *bisem rose.*

La végétation de ce rosier est si forte, qu'il
convient de le placer contre un mur ou

autre construction, pourvu que ce soit une exposition méridionale. Il n'est pas encore acclimaté dans les environs de Paris, où quelquefois il perd ses tiges dans les hivers rigoureux , mais il repousse du pied.

135. — *Rosa moschata*, variété à fleurs doubles, *Hort.*, *Poir.*, *Enc.*, var. D. — Rose musquée double, *Mart.*, *Dict.*, 23. —*Double musk rose*, *Lawr.*, 53.

Cette variété a plus d'effet que la première , ses corymbes sont plus nombreux et plus fournis, mais elle est aussi plus délicate; il faut la greffer sur églantier pour qu'elle supporte nos gelées dans le climat de Paris. Ce moyen est commun à tous les rosiers que l'on cultive encore en orangerie, quoique l'on n'ait pas encore tenté cette expérience sur le *bracteata* et autres dont j'ai à parler.

136. — *Rosa moschata*, var. *nivea*, *Dupont*, pép. *Cels* , *Noisette* , etc.

Variété à fleurs simples que tous les cultivateurs , ainsi que nous , croient appartenir au rosier muscade ; il mérite d'être placé dans nos jardins à cause de son beau feuillage et de ses fleurs nombreuses , simples et d'un blanc pur. M. *Cels* en possède un pied très-considérable dans sa collection.

XLI. 137. *Rosa rubiginosa*, *L.* — *Rosa germinibus ovatis pedunculisque hispidis, petiolis cauleque aculeatis, aculeis recurvis, foliolis ovatis, subtus glanduloso-pilosis, Ait., Kew.,* 2. p. 206. — *Idem, W., Arb.,* 317. — *Sp pl.,* 21, p. 1073. — *Idem, Pers., Syn.,* 29. — *Idem, Bot. cult.,* 26. — *Rosa eglanteria, Mill., Dict,* n°. 4. — Eglantier des anciens. — *Sweet. briar, Mart., Dict.,* 21. — Eglantier odorant à fleurs simples, *Lawr.,* tab. 56. — *Rosa rubiginosa, Mérat, Fl. Paris.*

138. — *Rosa rubiginosa* à fleurs doubles, *Lawr.,* tab. 65. — La petite hessoise, pép. de la Haye. — *Rosa flore pleno seu multiplico, Bauh., Pin.,* 433. — *Mart., Dict.,* var. B.

139. — *Rosa rubiginosa,* double mousseux, *Mart., Dict.,* var. C. — *Lawr.,* tab. 72.

140. — *Rosa rubiginosa,* églantier double toujours vert, *Mart., Dict.,* var. D. — *evergreen sweet briar, Lawr.,* tab. 72.

141. — *Rosa rubiginosa,* églantier double marbré, *Mart., Dict.,* var. E.

142. — *Rosa rubiginosa*, églantier double
rouge , *Mart.*, *Dict.*, var. 3. — *Lawr.*,
tab. 61.

143. — *Rosa rubiginosa* , églantier royal ,
Mart., *Dict.*, var. 3. —*Lawr.*, tab. 74.
— L'églantier double à grandes fleurs,
pép. de Trianon.

144. — *Rosa rubiginosa* , variété très - épineuse , pép. *Noisette.*

Le *rosa rubiginosa* (églantier odorant) est
assez commun dans les environs de Paris ,
sans l'être autant que le *canina*. Il s'élève
à 5 ou 6 pieds, et j'en ai vu de plus grands
au Désert, près Versailles. Son odeur résineuse est assez agréable et très-sensible
au printemps , et il se couvre en été d'un
grand nombre de fleurs d'un rose pâle.
Les pépiniéristes, sur-tout les Anglais, ont
obtenu les variétés 138 — 143 qui méritent toutes d'être recherchées des amateurs. J'ai déjà remarqué dans nos collections la première et la dernière , mais
greffées et non franches de pied. Le
n°. 144 est très-remarquable , parce qu'il
est horriblement hérissé d'aiguillons ; il
faudrait le comparer au *rosa aculeatissima,* dont parle M. *Dumont de Courset.*

(95)

Quant au *rosa rubiginosa canadensis*, rapporté d'Amérique par M. *Bosc*, ses différences avec le nôtre sont si légères, que je n'ai pas cru devoir le rapporter comme variété, comme l'a fait M. *Poiret*. Les fruits et les pédoncules de l'églantier odorant sont ordinairement glabres, mais la variété B de *Mérat* les a hispides; ce qui prouverait qu'*Aiton*, dans sa description, a pris la variété pour l'espèce. Dans les exemplaires que j'ai recueillis en divers lieux, les ovaires, au moins, sont toujours glabres.

XLII. 145. *Rosa sepium*, *Mérat*, *Fl. Paris.*, p. 192. — Rosier intermédiaire, *Bosc*, *Dict. d'Agr.* — *Rosa canina*, var. *sepium*, *Thuil.*, *Par.* — *Idem*, *Poir.*, *Enc.*, 17. — Rosier des haies.

146. — *Rosa sepium*, variété à fleurs doubles, *Dupont* et *Bosc.*

Ce rosier paraît être un hybride du *rubiginosa* et du *canina*; mais il s'élève de 5 à 10 pieds, et sa variété à fleurs doubles doit produire de l'effet dans les jardins paysages. Il est nommé dans l'Herbier de *Vaillant* : *Rosa sylvestris alba, cum aliquo rubore, folio hirsuto, Bauh.,*

Hist., 2, p. 44. J'ai vu des rosiers greffés sur le *sepium* qui atteignaient 12 et 15 pieds d'élévation.

XLIII. 147. *Rosa canina*, *L.* — *Rosa germinibus ovatis, pedunculisque glabris, caule petiolisque aculeatis, Mart.,* 399. — *Murr., Syst. veg.,* 16. — *W., Arb.,*321.—*Idem, Sp. pl.,*31, p. 1077. — *Idem, Pers., Syn ,* 33. — Rose des haies, rose sauvage, rose de chien, *Bot. cult.,* 29.—*Idem* des haies, *Poir., Enc.,* 17. — Rose canine, *Merat, Flé. Par.* — Rose de chien, églantier sauvage, *Mart., Dict.,*31.—Angl., *dog rose.*—Allem., *hecken rose.*

148. — *Rosa canina*, variété à fleurs doubles. — Rose de chien double, *Lawr.,* tab. 60.

149. — *Rosa canina, varietas umbellata ; Poir., Enc.,* 17.

150. — *Rosa canina, varietas dumetorum.* — Rose des buissons, *Thuil., Par. ed.* 2. p. 250. — *Poir., Enc.,*17.

C'est sur les tiges fortes et droites de ce rosier, que l'on greffe en écusson la plupart des variétés à fleurs doubles. Je crois préférable de les tenir à 4 pieds de hauteur, comme on peut le voir au jardin fleuriste du Roi, à Sèvres ; ils donneront moins de prise au vent. Mais si on veut en placer contre une façade, les plus élevés doivent être choisis de préférence, et l'on fera usage du *sepium.* Les *rosa glaucescens, stipularis, nutans, stylosa* et *leucantha* de MM. *Mérat* et *Desvaux* pourraient bien n'être que de simples variétés du *canina.* Le genre *rosa* est déjà assez difficile, même en omettant les espèces nouvelles ; il faudrait renoncer à en rendre la classification méthodique, si l'on était forcé d'admettre les espèces nouvelles que nous présentent les botanistes. Je ne dis pas qu'il faille les rejeter, mais les examiner, après s'être pénétré de la véritable acception que l'on doit donner aux mots *espèce* et *variété*, acception que M. *de Candolle* me paraît avoir judicieusement sentie dans sa *Théorie élémentaire de la Botanique.*

Le nom de rose de chien a été donné à ce rosier, parce que l'on prétendait autrefois qu'il guérissait de l'hydrophobie.

XLIV. 151. *Rosa tomentosa,* Pers. — *Rosa fructibus ovatis pedunculisque hispidis, aculeis caulinis aduncis , foliis ovatis utrinque tomentosis , Smith , Brit., 2 , p. 539. — Idem , Pers., Syn., 39. — Idem, Mérat, Fl. Par., p. 190. —* Rose canine cotonneuse, *Mart., Dict.,* 32. — Rosier à feuilles odorantes, var., *Bosc, Dict. d'Agr.,* p. 262. — *Rosa villosa, Thuil., Par.*

Je crois avec M. *Mérat* que ce rosier est une espèce distincte, quoique voisine du *canina ;* il a bien quelques rapports avec le *villosa* des auteurs, mais ses fruits sont ovales ou elliptiques, et ses feuilles ovales. Celui de *Thuilier,* qui se trouve à Sèvres et à Meudon, n'est probablement qu'une variété de l'ancien *villosa.* J'ai recueilli les échantillons que je possède dans la forêt de Fontainebleau, près Balleroy.

152. — *Rosa tomentosa,* variété à fleurs doubles, pép. de *Miellez,* à Lille.

Malgré que les fruits de ce rosier, que l'on appelle à Lille églantier à fleurs doubles, soient plus hispides que dans l'espèce simple, je ne balance pas à le placer comme variété du *tomentosa.* Je crois l'avoir reconnu également à Trianon, où il passait pour un *rosa evratina* à fleurs doubles ; mais, dans ce dernier, les fruits sont plus longs., les divisions calicinales plus allongées et les feuilles non-cotonneuses en-dessus.

153. — *Rosa tomentosa*, variété naine. Le pompon blanc, pép. *Noisette*.

Ce rosier est encore très-rare. D'après l'examen que j'en ai fait, il me paraît appartenir au *tomentosa*. Ses feuilles ne sont pas aussi cotonneuses que dans l'espèce simple, les folioles calicinales sont quelquefois pinnées, ce qui présente les caractères d'un hybride.

XLV. 154. *Rosa collina*, L. — *Rosa germinibus ovatis subglabris , pedunculis petiolisque glanduloso-hirsutis , caule aculeato, Murr., Syst. veg.,* 17, p. 474. — *Jacq , Aust.,* 2, tab. 197. — *W., sp.* 32, p. 1078. — *Pers., Syn.,* 40. — Rosier des coteaux, *Poir., Enc.,* 18. — Rose des collines, *Mart., Dict.,* 33. — *Mérat, Fl. Par.,* p. 191.

Ce rosier diffère du précédent, quoiqu'ils aient quelques rapports. Il a été trouvé, dit M. *Merat,* par *de Candolle* et *de Longchamps,* dans la garenne de Sèvres. M. *Cels* l'a placé dans son catalogue,

7.*

mais je n'ai pu le trouver dans sa collection. Il doit au moins trouver sa place dans
les écoles de botanique.

XLVI. 155. *Rosa ternata, Poiret.* — Rosier à
feuilles ternées, *Poir., Enc.,* 11. — Rosier trifolié, *Bosc, Dict. d'Agr.,* p. 258.
— *Rosa trifoliata* des pépinières.

Ce rosier, qui n'est pas commun, forme
dans nos jardins un buisson médiocre. Il
ne perd pas ses feuilles pendant l'hiver,
mais on ne le voit jamais fleurir aux environs de Paris. M. *Redouté* en possède
un dessin qui paraît exact; les fleurs sont
simples, blanches et de 2 pouces de diamètre. J'ai vu dans l'herbier de M. le marquis *du Dresnay* un échantillon de ce
rosier recueilli dans les jardins de Caserte,
près de Naples. Le fruit est assez gros,
un peu rétréci vers la base, et couvert,
ainsi que le pédoncule, d'un grand nombre de poils roussâtres, roides, non-glanduleux, mais effilés comme dans le *robinia hispida.* Les divisions calicinales
sont simples; le reste de la plante est conforme à la description qu'en donne le *Dictionnaire d'Agriculture.* Les feuilles de
cet échantillon ont leurs folioles une fois

plus grandes que celles des individus cultivés dans nos jardins. Une terre substan-
tielle, mêlée de terreau de bruyère, est celle
qui lui convient, et il doit être garanti des
fortes gelées lorsqu'il est encore jeune.

XLVII. 156. *Rosa semperflorens*, *N.* — *Chinensis*, *W.* — *Rosa germinibus ovatis
pedunculisque glabris, petiolis cauleque aculeatis, foliolis ovato - lanceolatis subternatis serrulatis glabris, W.,
Sp. pl.*, 35, p. 1078. — *Rosa bengalensis , Pers., Syn.*, 42. — Rosier toujours fleurissant, rosier du Bengale, *Bot.
cult.*, 31. — Rosier fleuri, *Poir., Enc.*,
10. Angl., *china rose.* — Allem., *chi-
nesische rose.*

157. — *Rosa semperflorens*, var. *diversifo-
lia, Ventenat, Hort. Cels*, p. 33,
fig. 33.

158. — *Rosa semperflorens*, var. à fleurs
doubles, violettes, pép. de Trianon.

159. — *Rosa semperflorens*, var. *longifolia,*
Bengale à feuilles de pêcher, pépinières
de *Noisette, Cels* et *Godefroy.*

160. — *Rosa semperflorens*, var. *pumila.*
— Pompon du Bengale, pép. *Godefroy.*

161. — *Rosa semperflorens*, var. *alba*. — Bengale de *Cels*, bengale blanc.

162. — *Rosa semperflorens*, var. *multiflora*. —Bengale à bouquets, pép. de Trianon.

163. — *Rosa semperflorens*, *varietas iner-mis*. — Bengale sans épines, pépinière de *Noisette*.

M. *Poiret* a très-bien observé que le *sem-perflorens* et le **chinensis** de *Willdenow* pourraient bien n'être qu'une seule et même espèce. Cependant auquel des deux appartient l'épithète de *semperflorens ?* il me semble que ce doit être au *chinensis Willdenow*, qui n'est pas le même que celui de M. *Bosc*, ou bien au *rosa in-dica*, que ce naturaliste considère comme le véritable bengale. Ses fruits sont de la grosseur de ceux du sorbier des oiseaux, suivant *Linné*.

Le bengale commun et quelques-unes de ses variétés subsistent en pleine terre et vé-gètent vigoureusement. Ceux que je cul-tive ont 5 à 6 pieds de hauteur ; leurs ra-meaux supportent des corymbes de trois à huit fleurs semi-doubles, dont les ovaires et pédoncules sont parfaitement glabres ;

ils fleurissent depuis le mois de mai jusqu'aux gelées.

La variété 157 n'est remarquable que par la diversité de ses feuilles, dont les unes sont ternées, d'autres quinées, et enfin d'autres simples.

Le n°. 158, qui n'était d'abord connu qu'à Trianon, s'est multiplié dans beaucoup d'autres jardins ; il supporte la rigueur de nos hivers.

Le n°. 159 a les feuilles très-allongées; celui que j'ai vu chez M. *Cels* les a presque linéaires. Est-ce une variété, ou bien le *longifolia* de *Willdenow* ne serait-il lui-même que notre variété?

Le rosier du Bengale a aussi un pompon, c'est le n°. 160; les fleurs sont petites, doubles, pourpres ; les folioles sont petites, ovales, aiguës et dentées. J'ai perdu ce rosier pour ne l'avoir pas rentré dans l'orangerie pendant l'hiver.

M. *Cels* père a fait connaître la variété 161 sous le nom de bengale blanc. Ses fleurs sont d'abord un peu lavées de rose, et deviennent blanches dans leur parfait développement. Cette plante est plus délicate que l'espèce commune. Celle que j'ai vue

chez *Noisette* a des fleurs aussi blanches
que celles de la rose unique.

Le n°. 162 est une variété obtenue de graine
à la pépinière de Trianon. Ses fleurs sont
de trois à cinq ensemble, blanches, un
peu carnées et très-doubles. Ovaires glabres, pédoncules velus, tiges et pétioles
garnis d'aiguillons ; feuilles composées de
cinq à sept folioles grandes, ovales et lancéolées ; stipules assez larges, foliacées et
ciliées. Elle n'est pas encore bien connue.

Enfin le n°. 163 est une variété sans aiguillons que possède M. *Noisette*, et qui porte
des corymbes de deux à trois fleurs pourpres. Il y a encore d'autres variétés du
bengale ; mais c'est en les comparant avec
celles que je viens de citer, que l'amateur
jugera si elles s'en éloignent assez pour
être considérées comme distinctes.

XLVIII. 164. *Rosa chinensis, Bosc, Dict.
d'Agr.*, p. 264. — *Rosa semperflorens,
W.* — *Rosa germinibus oblongis, pedunculisque hispidis, caule petiolisque
aculeato - hispidis, foliis subternatis
aculeatis, W.*, sp. 34, p. 1078. —
Rosa bengalensis, var. B ; *Sinensis,*

Pers., Syn., 42. — *Rosa semperflorens,*
Mart., Dict., 35. — Rose de la Chine
d'un rouge foncé, *Lawr.,* tab. 28.

165. — *Rosa chinensis,* variété à fleurs carnées. — Rose à odeur de thé. — *Rosa*
odoratissima. — Rose de la Chine carnée, *Mart., Dict.* —*Lawr.,* tab. 76.

166. — *Rosa chinensis, varietas cruenta.*
Rose sanguine, pép. *Cels.*

Ce rosier a des caractères communs avec le
semperflorens et le *chinensis* de *Will-*
denow; mais ses pédoncules sont uniflores, légèrement cotonneux, ainsi que
les feuilles, dont la foliole impaire est plus
grande que les autres. Il ne fleurit que
deux fois dans l'année, lorsqu'il n'est pas
dans un sol qui lui convient, et qu'une
bonne exposition lui manque. Ce rosier est
délicat; il doit, ainsi que ses variétés,
passer l'hiver en orangerie. Cependant l'on
greffe maintenant la variété 165 avec succès; elle donne une des premières de
belles fleurs carnées très grandes, semi-
doubles et odorantes.

La variété 166, que j'ai observée chez *Cels*
et dans la pépinière de M. *Lahaye,* à
Versailles, a ses fleurs d'un rouge de

sang, semi-doubles, moyennes ; les pétioles et les feuilles ont aussi une teinte
rougeâtre. Dans cette variété, les rameaux
ne sont pas uniflores.

XLIX. 167. *Rosa clinophylla, Redouté.* —
Rosier à feuilles penchées, *Redouté,
Roses*, 2ᵉ. livraison.

C'est une nouvelle acquisition pour les amateurs. Il a été envoyé d'Angleterre à
M. *Boursaut :* on ignore sa patrie, dit
l'auteur du texte ; cependant on peut pré-
sumer qu'il vient des parties méridionales
des États-Unis. Ce rosier a des aiguillons
stipulaires géminés, sept folioles ovales
oblongues, dentées et d'un vert tendre ;
les feuilles sont notablement penchées ; le
fruit est presque ovale, les divisions calicinales prolongées et hispides, ainsi que
l'ovaire et le pédoncule. Les fleurs sont
blanches, simples et solitaires à l'extrémité des rameaux. Cette plante est d'o-
rangerie, du moins jusqu'à présent.

L. 168. *Rosa bracteata.* — *Rosa germinibus
obovatis, pedunculis bracteatis, ramu-
lisque villosis, caule petiolisque aculeatis, foliolis glabris subrotundis cre-
natis subaculeatis, W., Sp. pl.,* 39,

p. 1079. — *Rosa bracteata , Pers.*,
Syn., 45. — *Rosa macartnœa , Bot.*
cult., 32. — Rosier bractéolé , *Poir.*,
Enc. , 36. — Rosier de *Macartney*,
Bosc , Dict. d'Agr., p. 263. — Rosier
à bractées, *Mart., Dict.*, 39.

Ce rosier est suffisamment décrit par les auteurs, sur-tout par M. *Poiret*, pour que j'en fasse connaître les caractères qui le distinguent absolument des autres espèces. Il supporte difficilement les gelées , dans les environs de Paris ; cependant on en voit au Jardin royal des plantes un individu d'un grand développement. Ses fleurs blanches et solitaires , mais assez grandes, son feuillage , qui lui est particulier , lui méritent une place , non-seulement dans les collections , mais encore dans les jardins d'agrément ; et ce n'est pas par une plante commune que je termine ma Nomenclature.

Rosiers peu connus, mais mentionnés dans les ouvrages modernes.

Rosa Montezamæ. — *Redouté, Roses,* troisième livraison, p. 55 : du Pérou, rapporté par *Humboldt.* Fleurs simples.

— *stylosa.* — *Decandolle, Catal. monsp.,* p. 138. — Observée par M. *Desvaux* près de Poitiers.

— *myriacantha.* — *Decandolle, Synops.,* p. 331. Observée en Dauphiné et aux environs de Lyon (v. s. *Poiret*).

— *taurica.* — *Marschall, Fl. taur. cauc.,* 1. p. 394. Descript.

— *cuspidata.* — *Idem, idem,* 1. p. 396. Descrip.
— *gemella.* — *Willdenow, Énum., plant.* 1, p. 544, Amer. sept. descrip., *Willd.*

— *frustigrata.* — *Decandolle, Fl. franc., suppl.,* p. 535. — Observée en Anjou, *Bast.,* en Dauphiné, *Decand.,* descrip.

— *pygmea.* — *Marschall, Fl. taur. cauc.,* 1, p. 397. — *Rosa alpina,* var. *Pall.; int., taur.,* p. 87.

— *pulverulenta.* — *Idem, idem,* 1, p. 399. — Collines du Caucase. Descript., *Poiret.*

— *caucasica.* — *Idem, idem,* 2, p. 400. — Tartarie asiatique. Descrip., *Poiret.*

— *pulchella.* — *Willd., Énum., pl.,* 1, p. 545. — Pays natal inconnu. Descrip., *Poiret.*

— *adenophylla.* — *Idem, idem,* 1, p. 547. —

Pays natal inconnu. Descrip.; *Poiret.*

— *repens.* — *Idem, idem,* 1. p. 547. — *Id.,* *Scopoli Carn.,* n°. 1610. — Hongrie. Descrip.

— *nankinensis.* — *Loureiro, Flor. cochinch.,* 1, p. 397. — *Chine.* Desc., *Poiret,* Suppl., p. 713.

— *nivea.* — *Decandolle, Catal. monsp.,* p. 137. — *Nec Dupant.* — Indes, Chine. Descrip. — *Poiret,* *Enc., Supp.,* t. 4, p. 713.

— *glandulosa.* — *Idem, Fl. fr.* — *Rosa pimpinel-lifolia, Vil. Delph.,* 3, p. 553. Non , Briançon. Descrip.; *Poiret, idem.*

— *bibracteata.* — *Idem, idem,* 537. — *Bast.;* *Ann. libt.* — Environs d'Angers. Descript., *Poiret.*

— *micrantha.* — *Idem, idem, suppl.,* 539. — Près de Montpellier. Descript., *Poiret.*

— *Lyonnii.* — *Pursh., Fl. amer.,* 1, p. 345. Tenessée, Amér. sept. Descrip., *Poiret.*

— *rubifolia.* — *Ait., Kew.,* édit. 2, vol. 3, p. 260. — *Pers., Fl. amer.,* 1, p. 345. — Amér. sept. Descrip., *Poiret.*

— *suaveolens.* — *Pursh, Fl. amer.,* 1, p. 346. — *Rosa eglanteria americana.* — *Andr., rosa american.* Descript., *Poiret.*

— *florida.* — *Curtis, Bot. Magaz.,* t. 10, p. 59. — *Rosa multiflora* de *Thunb., varietas.* Descript., *Poiret.*

— *rubrispina.*   — *Bosc, Dict. d'Agr.*, p. 246. — *Cat. Hort., par.* — Cultivé au Jardin royal de Paris, selon *Poiret.*

— *pollinaria.*   — *Sprengel, Pl. min. cogn., Pugell.*, 2, p. 66. — *Pallin., Pl. Veron.*, p. 13. — Au mont Baldo. Descript., *Poiret.*

Toutes ces citations sont tirées du *Supplément à l'Encyclopédie botanique*, par M. *Poiret*, qui en indique douze autres comme moins connues; je renvoie donc à son intéressant article pour plus de détails. Mais je persiste dans l'opinion que toutes les nouvelles espèces décrites par MM. *Decandolle, Bastard*, etc., doivent être comparées aux espèces connues, afin de s'assurer si les caractères qui leur sont propres sont assez importans pour en constituer des espèces. M. *Desvaux* a donné l'exemple en rapportant comme variétés tous les rosiers qu'on regardait d'abord comme espèces nouvelles (*Voyez* p. 709 du supplément à l'article rosier de l'*Encyclopédie botanique*, par M. *Poiret*). J'ai vu dans la riche collection de M. *Noisette* plusieurs rosiers nouvellement arrivés d'Angleterre; ils m'ont paru avoir des rapports avec les *rosa indica* et *semperflorens*, mais plusieurs n'ayant pas encore fleuri, l'on ne peut les déterminer d'une manière assez précise.

Je terminerai cette Nomenclature par quelques observations qui ont rapport à l'histoire naturelle des rosiers, à leur culture et aux différences que l'on peut remarquer dans leur végétation.

Les premiers qui perdent leurs feuilles sont le *lutea*, le *spinosissima* et le *remensis*. Lorsque l'hiver est doux, le *centifolia* en conserve encore quelques-unes au printemps suivant. Les *damascena* et *bifera* conservent ordinairement les feuilles terminales, et le *rosa moschata* ne les perd que fort tard ; mais aussi l'extrémité de ses rameaux, et souvent les tiges entières sont attaquées par les fortes gelées. Ce rosier donne de nouvelles tiges la même année, et sa croissance est si rapide, qu'il répare en deux ou trois ans tout ce qu'il a perdu par un hiver rigoureux.

Si le *rosa lutea* se dépouille promptement, c'est aussi celui qui fleurit le premier ; ses fleurs se succèdent, mais ne durent pas. Ses feuilles, dans leur jeunesse, exhalent, étant froissées, une odeur de pomme de reinette encore plus forte que celle du *rubiginosa* ou églantier odorant. J'ai remarqué qu'il poussait moins de rejetons que sa variété *bicolor* ou rose capucine ; un rejeton de ce dernier, élevé à tige, n'en donne pas davantage.

Les rosiers pompons, de Damas, bifère et de

Meaux , fleurissent bientôt après ; le rosier bifère , qui est le véritable quatre-saisons , fleurit
sans interruption depuis le commencement de juin
jusqu'à la fin d'octobre. Ses corymbes sont si serrés que les fleurs ne parviennent pas toutes à
leur parfait épanouissement.

Le rosier de Meaux , ainsi que celui d'Écosse
à fleurs doubles blanches , greffés sur églantier ,
et taillés en boule , produisent beaucoup d'effet,
par la grande quantité de fleurs dont ils sont
couverts à la fin du printemps.

Les rosiers de Provins et leurs variétés , exposés au midi , conservent leur feuillage une grande
partie de l'hiver. On a donné des noms à ces variétés d'après l'analogie que leurs couleurs peuvent avoir avec celles de beaucoup d'autres
plantes. Le cramoisi brillant, le velours pourpre,
la superbe en brun sont fort distinctes ; mais il
ne faut les considérer sous le rapport de leurs
nuances qu'avant l'entier épanouissement des
fleurs , qui alors prennent une teinte violette et
finissent par se flétrir. Le rosier de Provins ,
greffé sur églantier , acquiert une grande force ,
mais moindre cependant que les rosiers blanc, des
Alpes et le turbiné double.

J'ai dit que le rosier à cent feuilles , diffus de
sa nature , formait une tête irrégulière , lorsqu'il

était greffé à tige ; il n'y a pas d'inconvénient à
le tailler de près , il n'en sera que plus agréable
et plus vigoureux. En général , les rosiers greffés
à tige doivent être appuyés sur un treillage ou
former palissade, en les plaçant à distance ; isolés,
ils font un mauvais effet et sont renversés par les
grands vents. Si l'on greffe de belles espèces sur
le *rosa sepium*, les têtes de ces rosiers peuvent
parvenir jusqu'au premier étage d'une maison ,
en les adossant au mur. Les *rosa arvensis* et
moschata peuvent couvrir des berceaux ou de
grandes parties de murailles.

Les fleurs du *rosa sulphurea* sont sujettes à
crever dans l'épanouissement ; elles prennent souvent une mauvaise forme avant de s'ouvrir , à
l'exception des plus avancées , qui réussissent ordinairement. Il faut avoir la précaution de couper
une partie des boutons , pour que les autres n'a-
vortent pas. Cette observation , qui est de *Parkinson*, est relatée dans l'*Histoire des arbres
et arbustes* de M. *Desfontaines*.

A moins d'une exposition très-abritée, l'on
aura de la peine à conserver le rosier multiflore
greffé à tige ; il souffre également de la gelée et
de l'humidité; on en voit de très-beaux pieds dans
le jardin fleuriste du Roi, à Sèvres. On a essayé
de greffer ce rosier sur le *bifera* , et l'on a ob-

tenu une floraison plus abondante. *Aiton*, dans sa seconde édition de l'*Hortus Kewensis*, nomme ce rosier *rosa florida*, pour le distinguer de celui de *Thunberg*, qui porte des fleurs blanches, mais dont tous les autres détails de description conviennent au *florida*.

Une terre meuble et fraîche convient à presque tous les rosiers ; ils doivent être dans une exposition chaude et aérée. L'on en forme depuis quelques années dans les grands jardins des massifs qui produisent de l'effet. Leur entretien est bien simple ; il consiste, dit M. *Bosc*, « en des labours » d'hiver, des binages d'été , dans le retranche- » ment de branches mortes ou trop vieilles, et de » celles qui s'étendent trop. Souvent même on se » dispense de ces soins sans qu'ils paraissent en » souffrir. » Ceci ne concerne que les rosiers de pleine terre : les autres ne sont que de simple orangerie ; il suffit de les préserver de la gelée, mais il leur faut de l'air et de la lumière. Avec le temps , je suis persuadé qu'on les acclimatera presque tous. Cela est d'autant plus urgent, que les rosiers ne peuvent rester long-temps en caisse ou en pots sans les remplir de leurs racines.

Tous les moyens employés pour multiplier les plantes conviennent aux rosiers. On ne fait usage des semis que pour obtenir des fleurs doubles des espèces simples qui sont livrées à la culture. On s'en sert également pour avoir de nouvelles variétés, spéculation qui a bien ses avantages pour le marchand et l'amateur, mais qui jette beaucoup de confusion dans la nomenclature de ce beau genre. On fait ces semis dans une bonne terre préparée au levant; ou bien pour plus de promptitude dans la jouissance, on sème dans des terrains placés dans des couches à châssis. Il ne faut les repiquer ou les mettre en place qu'après deux ans. Ces jeunes pieds fleuriront la cinquième ou la sixième année.

Le moyen des rejetons est très-sûr et très-facile ; il suffit d'un ou deux chevelus pour que le rejeton reprenne racine lorsqu'il est transplanté à l'entrée de l'hiver; et j'ai planté des rejetons avec succès, qui en étaient absolument privés. Il faut avoir soin de ne laisser que deux ou trois yeux à la tige, si elle est un peu forte.

Les boutures ne sont pas plus difficiles : de l'ombre et de la chaleur, mouiller légèrement le terrain, et les boutures reprendront. J'ai vu multiplier le *rosa multiflora* et le *semperflorens* sans beaucoup de précautions. J'ai essayé la méthode de brûler l'extrémité inférieure de la bouture, elle ne m'a pas réussi.

Mais le moyen de multiplication le plus répandu

est celui de la greffe. Je le trouve particulièrement utile à se procurer des espèces ou des variétés qui ne sont pas encore affranchies ; il sert encore pour obtenir des fleurs sur des variétés encore trop délicates pour fleurir en pleine terre ; mais la mode des rosiers à tige encourage les jardiniers et les amateurs à greffer des églantiers ou rosiers des haies. Outre les soins que ces rosiers exigent, et la précation continuelle de retrancher les pousses et les rejetons, j'observe avec M. *Bosc* que ces rosiers durent peu, et j'ai déjà dit que ceux qui portaient les variétés de cent feuilles ne faisaient pas une aussi belle tête que le *gallica*, le *remensis* et autres. Ces greffes se font en écusson, à œil poussant et à œil dormant ; les premières au printemps, et les secondes à la séve d'automne ; et quant aux dernières, il ne faut retrancher les branches supérieures du sujet qu'au mois de mai de l'année suivante, lorsque la greffe a réussi.

M. *Delaunay* indique aussi la greffe en fente, qui se fait au premier travail de la séve du printemps ; mais cette méthode ne peut être employée, je crois, avec succès, que sur des sujets très-forts, et on ne s'en sert que rarement.

Plusieurs insectes attaquent les rosiers. C'est la piqûre faite à l'écorce des rosiers par un diplolèpe qui y dépose ses œufs, qui cause cette excroissance mousseuse que l'on nomme *bédé-guar*. Je l'ai observée plus fréquemment sur l'é-glantier odorant que sur les autres espèces.

La larve d'un tenthrède nous prive de beaucoup de fleurs, et sur-tout des premiers corymbes qui se développent au printemps. On voit le pédoncule se flétrir et se détacher à l'endroit de la stipule ; le mal est fait avant qu'on puisse y porter remède. Les boutons naissans sont souvent couverts de pucerons de la même couleur que les jeunes pousses. On dit qu'il faut asperger les parties attaquées avec une forte infusion de sureau ; on peut aussi détacher ces pucerons avec les doigts, en pressant légèrement les endroits qui en sont couverts.

Plusieurs plantes cryptogames naissent sur les feuilles de rosier ; on distingue un *uredo* et un *œcidium*. Il faut couper les branches qui en sont infectées, avant que les semences aient atteint leur maturité.

Les jardiniers de Paris font un grand commerce de rosiers en pots, qu'ils livrent au commencement du printemps ; le pompon double, le rosier de Bordeaux, sont plus communs. Si l'on veut les conserver, il faut les dépoter après leur floraison, et les placer en pleine terre. J'en ai planté ainsi

qui sont devenus des touffes d'une grande dimension.

Je terminerai ici mes observations sur la culture du rosier, sans oublier cependant celles de
MM. *Bosc* et *Dumont de Courset*, qu'il faut les
tailler à la séve du printemps, attendu que les gelées forceraient à une seconde taille, toujours dés-
avantageuse, si l'on s'y prenait plus tôt.

Ceux qui seront curieux de connaître l'histoire
des découvertes et de la culture des différentes espèces de ce bel arbrisseau, pourront consulter l'intéressant article inséré dans l'*Histoire des arbres
et arbustes cultivés en France*, par M. le professeur *Desfontaines*. Dans cet article, M. *de
Leuze* a su parer de nombreuses recherches des
charmes de son style ; il indique les époques où
les différentes espèces de rosiers sont arrivées
en France, et l'on apprend des détails sur leur
patrie.

On désirerait trouver plus fréquemment l'ap-
plication de cette partie de l'histoire naturelle des
végétaux dans les grands ouvrages qui traitent
de toutes les plantes connues. Les Anglais se sont
attachés plus que nous à faire connaître l'origine
et les progrès de la culture des plantes exotiques.
Le catalogue du jardin de l'Université de Cambridge est un modèle dans ce genre de travail.

Je n'ai point décrit toutes les variétés de rosiers, j'ai cherché à les rassembler sous les espèces qui les ont produites ; on pourra sans doute
augmenter cette nomenclature et faire connaître
ce que le zèle infatigable des botanistes aura fait
découvrir en rosiers étrangers, ce que la patience
et l'industrie des cultivateurs nous aura fait ac-
quérir en variétés de semis ; mais je crois que la
considération des fruits qui sert de base à ce travail peut être encore suivie, malgré les excep-
tions qu'elle laisse apercevoir, considération
adoptée par *Linné* et ses continuateurs, et que
l'on ne peut abandonner sans avoir saisi des caractères plus constans.